北京林业大学教学改革与创新系列成果汇编

·获奖成果卷·

（2001～2010）

韩海荣　主编

中国林业出版社

图书在版编目(CIP)数据

北京林业大学教学改革与创新系列成果汇编.获奖成果卷:2000~2010/韩海荣主编.
—北京:中国林业出版社,2010.12
  ISBN 978-7-5038-5990-8

  Ⅰ.①北… Ⅱ.①韩… Ⅲ.①北京林业大学－教学改革－成果－汇编－2000~2010
Ⅳ.①G649.281

  中国版本图书馆 CIP 数据核字(2010)第 224992 号

出版 中国林业出版社(100009 北京西城区刘海胡同7号)
E-mail forestbook@163.com **电话** 010－83222880
网址 http://lycb.forestry.gov.cn
发行 中国林业出版社
印刷 北京北林印刷厂
版次 2010 年 12 月第 1 版
印次 2010 年 12 月第 1 次
开本 787mm×1092mm 1/16
印张 12.5
字数 310 千字
印数 1~1000 册
定价 40.00 元

北京林业大学教学改革与创新系列成果汇编
·获奖成果卷·
（2001～2010）

编 委 会

主　任　　宋维明

副主任　　韩海荣

编　委　（按姓氏笔画排序）

丁密金　于　斌　王毅力　尹大伟　田明华　刘淑春

刘　燕　孙承文　张　戎　张洪江　陈志泊　郑彩霞

孟　丽　段克勤　钱　桦　徐迎寿　徐基良　彭道黎

谢京平　颜贤斌　戴秀丽

编 写 组

主　编　　韩海荣

编　者　　张　戎　于　斌　周璐璐　徐迎寿　谢京平　尹大伟

颜贤斌　杨萌萌

序　言

　　教学成果评奖活动是国家实施科教兴国战略的重要举措，体现了国家对高等学校教学工作的高度重视，对推动高校教育教学改革，调动广大教师和教育工作者投身教学、开展教育教学研究与实践的积极性产生了积极作用。1989年以来，国家、北京市先后6次评选高等教育教学成果，表彰和奖励了一大批优秀教学成果。

　　北京林业大学一贯重视教学研究，在长期办学过程中，不断更新教育观念，推进教学改革，加强教学基本建设，学校特色进一步彰显，教学水平与教学质量稳步提升。在多年的探索与实践中，广大教师践行"知山知水，树木树人"的办学理念，铸造和提炼了一大批优秀教学成果，在教育部组织的六届"高等教育国家级教学成果奖"评审中，我校五届榜上有名。截止2010年，我校共产生国家级教学成果一等奖3项、国家级教学成果二等奖4项、国家级教学成果优秀奖1项，省部级教学成果奖30项，校级教学成果奖近百项。

　　这些成果符合教育教学规律，特色鲜明，突出反映了近十余年来北京林业大学在教学改革方面取得的重大进展，是我校广大教育工作者在教学工作岗位上长期努力和辛勤耕耘的结晶。在教学中的应用，产生了良好的效益和辐射作用。

　　为进一步做好获奖成果的宣传、推广工作，充分发挥优秀教学成果在提高教学质量方面的积极作用，学校将2001～2010年间由我校作为第一完成单位获得的国家级、北京市级及部分校级教学成果汇编成册，献给广大教师和教育工作者。希望读者们了解教师在高等教育事业中做出的贡献和付出的辛苦努力，也希望借此书引起更多人对高校教育教学改革与发展的关注，更希望能引发青年教师们的思考与探索，使他们在教学与教学改革的舞台上开拓出新的天地。

　　本书编写的成果介绍，是在获奖成果的推荐材料和其他有关材料的基础上汇编而成。在此谨向成果完成人和有关学院致谢。

　　本书的编辑出版得到中国林业出版社的大力支持，谨致以衷心的谢意。

编　者

2010年8月

目　录

高等农林院校环境生态类本科培养方案及教学内容和课程体系改革的研究与实践

2001 年国家级教学成果一等奖

2001 年北京市级教学成果一等奖

主要完成人：王礼先、朱荫湄、张启翔、张洪江、罗晶、张从、周世权

一、教学改革方案

1. 概　况

　　"高等农林院校环境生态类本科人才培养方案及教学内容和课程体系改革的研究与实践"项目，根据"高等农林教育面向 21 世纪教学内容和课程体系改革研究计划项目指南"的要求，由牵头主持单位北京林业大学和主持单位浙江农业大学组织有关 13 所农林院校，于 1996 年 8 月开始实施。项目针对目前高等农林院校环境生态类本科人才培养中的主要问题，以教学内容和课程体系为核心，开展人才培养方案和课程体系改革的研究与实践。该项目 2000 年完成了计划中规定的任务。

2. 研究路线和进度

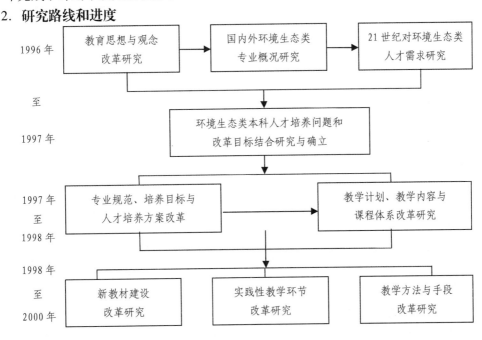

图 1　研究路线和进度

二、主要研究成果

1. 建立了环境生态类新的专业体系

紧密配合教育部面向21世纪教学改革的总体部署和进展，积极参与其他项目组的研究工作，对环境生态类专业的设置和调整开展了调查研究和讨论，在环境生态类3个专业的调整研究上取得了新的进展，成为教育部颁布的新专业目录的组成部分。农学门类本科环境生态类新旧专业比较见表1。

表 1　环境生态类新旧专业名称比较

新专业名称	替代的原专业名称
园林（090401）	观赏园艺（090106）（部分）
	园林（090301）
	风景园林（090302）（部分）
水土保持与荒漠化防治（090402）	水土保持（090303）
	沙漠治理（090304）
农业资源与环境（090403）	土壤与农业化学（090108）（部分）
	农业环境保护（090305）（部分）
	渔业资源与渔政管理（090604）
	农业气象（070904）（部分）

2. 编制了环境生态类专业新的教学计划

环境生态类各专业新教学计划各类课程的学时数比例见表2。

表 2　环境生态类各专业新教学计划各类课程学时数比例

专业名称	总学时数	必修课										选修课		实践教学（周）
		学时数	占总学时（%）	公共基础课		基础课		专业基础课		专业课		学时数	占总学时（%）	
				学时数	占必修课学时（%）	学时数	占必修课学时（%）	学时数	占必修课学时（%）	学时数	占必修课学时（%）			
水土保持与荒漠化防治	2305	1500	60.0	500	33.3	500	33.3	340	22.7	160	10.7	1000	40.0	30
农业资源与环境	2500	1615	64.6	705	43.7	410	25.4	320	19.8	180	11.1	885	35.4	34
园林	2500	1900	76.0	705	37.1	520	27.4	395	20.8	280	14.7	600	24.0	12.5

水土保持与荒漠化防治专业：总学时数为2500。其中，必修课1500学时，占总学时数的60%，其中公共基础课、基础课、专业基础课和专业课学时分别为500、500、340、160，分别约占总学时数的20%、20%、13.6%、6.4%左右；选修课1000学时，其中专业选修课的总学时数应不少于750学时，约占总学时数的30%，其他选修课包括文学艺术、文化修养、道德教育等类别的选修课程应不少于250学时，约占总学时数的10%。主要实践性教学环节应包括毕业论文（设计）、生产实践、科学研究、社会调查等，一般安排30周左右。

农业资源与环境专业：总学时数为2500。其中，必修课1615学时，占总学时数的

64.6%；选修课 1000 学时，占总学时数的 35.4%。在必修课中，公共基础课、基础课、专业基础课和专业课学时分别为 705、410、320 和 180，分别占必修课学时数的 43.7%、25.4%、19.8% 和 11.1%。实践性教学环节安排 34 周。

园林专业：总学时数为 2500。其中，必修课 1900 学时，占总学时数的 76.0%；选修课 600 学时，占总学时数的 24.0%。在必修课中，公共基础课、基础课、专业基础课和专业课学时分别为 705、520、395 和 280，分别占必修课学时数的 37.1%、27.4%、20.8% 和 14.7%。实践性教学环节为 12.5 周。

3. 编写了环境生态类专业面向 21 世纪课程教材

（1）编写指导思想

拓宽专业口径，突出素质和技能培养，坚持知识、能力、素质协调发展，遵循 3 个专业综合性强、专业基础知识涉及面广和隶属应用技术学科范畴的特点，在界定各门课程主要理论、知识、技能和实践环节的基础上，编写出高水平、高质量，融理论性、知识性、技能性、实践性、启发性、超前性于一体，适应面向新世纪环境生态类专业人才培养对本科人才要求的教材。

（2）编写程序

紧密配合学校及院系的整体教改，开展教材编写工作。各门课程的主编必须组织参编人员认真研究已有的本门课程的国内外主要教材，总结并吸收最新的研究成果和国外的成功经验。在此基础上，按以下的编写程序开展工作。教材编写大纲必须符合编写指导思想和本门课程的教学大纲，召开较大规模的专家讨论会，包括老专家和从事本科教学的青年教师，在充分听取各方面意见的基础上，通过多次修改确定教材编写大纲。

教材初稿由主编认真统稿，在编写组内部首先进行讨论与修改，并邀请有关专家和任课教师进行讨论与修订，形成送审教材。

由项目研究专家、院系领导和有关专家组成教材评审组，对送审教材进行深入细致的评审。根据评审意见修订后，再次评审通过的教材方可送出版社出版发行，并确认为专业适用教材。

（3）编写成果与特点

教材编写成果：环境生态类专业共完成包括水土保持与荒漠化防治、农业资源与环境和园林 3 个专业的 12 门骨干课程的教材（见表 3），并被确定为面向 21 世纪课程教材。

表 3　环境生态类专业面向 21 世纪课程教材

专业名称	数量（部）	教材名称
水土保持与荒漠化防治	7	林业生态工程学、荒漠化防治工程学、流域管理学、土壤侵蚀原理、水文与水资源学、地学概论、水土保持工程学
农业资源与环境	3	农业资源利用与管理、农业环境学、资源环境信息技术
园林	2	园林植物遗传育种学、园林设计

新教材的特点：新编写的教材内容充分体现了教学改革精神和面向 21 世纪人才培养的需求。教材除继承原有或相关课程的内容外，还融入了相关学科当今世界上的发展水平和发展动态，参编人员均具有较丰富的教学和科研经验，特别是积累了近年大量研究资料，将新

资料、新观点、新理论和新成果有机地融于教材之中，使教材既具有系统性和完整性，又具有一定的创新性和超前性。

如《流域管理学》教材内容反映了国内外流域治理与开发相结合，以生态经济系统可持续经营为目标的科学技术发展新水平、新趋势、新理论，具有先进性、实用性、理论与实践紧密结合的特点。以流域生态系统保护、改良与合理利用为核心，对多年来使用的专业课程教材重新组合、精炼，符合面向 21 世纪培养创新人才的需要。

《农业资源利用与管理》教材以农业生产与资源利用耦合机制为基础，通过可持续发展战略协调农业生产过程中的经济、资源、环境、社会四者的关系，从调查、设计、评价、诊断、反馈修正等环节提出了农业资源区域开发的系统工程，从经济、行政、技术、法律、教育等方面提出了农业资源综合管理的系统工程，不仅强化了农业资源利用理论，而且进一步完善了农业资源的开发与管理体系。

《园林植物遗传育种学》教材着眼于 21 世纪，将国际最新的、具有园林特色的内容编入教材中，如分子保鲜、花色遗传、花茎遗传、花重瓣性遗传、彩斑遗传等。

三、教学改革特点

1. 加强领导是确保教学改革的前提

教学改革是一项关系到学校整体发展、事关全局的系统工程。学校及院系领导的重视程度是决定教学改革进展的前提条件。学校及院系领导对课程体系和教学内容改革大力支持，身体力行，就能有效组织广大教师积极参与并极大鼓舞大家锐意改革的精神，随时解决改革中遇到的各种具体困难，促进教学改革的顺利进行。

2. 教师是教学改革的核心力量

教学改革是思想性、政策性和学术性都很强的复杂工作，教师参与教学改革的主动性和积极性是教学改革成败的关键所在。我们在教学计划改革过程中，积极发动广大教师参加改革的全过程。一方面，认真学习有关文件，引发并推动了转变教育思想、更新教育观念的教育思想改革大讨论。同时，对每一个具体的改革内容都要经过广大教师的认真讨论，根据各方面意见进行修改并达成共识。实践证明，项目组研究与广大教师参与教学改革相结合是一种较好的研究工作形式。

3. "通讯"是项目组交换信息的有效"桥梁"

本项目由 3 个子项目和 13 个专题组成，项目组涉及 13 所农林院校的 68 位研究人员。由于研究经费所限，致使经常性的研究信息交流成为困难。为此，我们从一开始就组织编印《高等农林院校环境保护类本科人才培养方案及教学内容和课程体系改革的研究与实践通讯》（简称《农林环保教育研究通讯》），并组成了由项目主持人任主编的编委会，主要任务是在项目组之间交换研究信息，了解各院校的研究进展，研讨有关的改革内容等。"通讯"架起了项目组之间的信息"桥梁"，并为各院校有关教师发表教学改革意见提供了良好的平台，在本项目研究中发挥着积极的作用。从 1996～1999 年，共刊发《通讯》12 期。

4. 积极稳妥地开展教改研究工作

教学改革是一项复杂的系统工程，必须坚持积极稳妥的可行性原则。一方面，在教改设计上应积极转换观念，大胆探索；另一方面，在具体实践上要谨慎行事，避免操之过急的盲目做法，对每一步具体的改革内容，都应在充分讨论与小范围试验的基础上逐步开展教学实践，促使教学改革稳健地向前发展。

四、教学改革的几点体会

1．实施素质教育，坚持"三个面向"

我国正处在建立社会主义市场经济体制和实现现代化建设战略目标的关键时期。教育在综合国力的形成中处于基础地位，国力的强弱越来越取决于劳动者的素质，取决于各类人才的质量和数量。高等教育的任务是培养具有创新精神和实践能力的高级专门人才，造就"有理想、有道德、有文化、有纪律"的社会主义事业建设者和接班人。教育要面向现代化、面向世界、面向未来。环境生态类各专业培养的人才，除了必须具备的专业知识与实践能力外，还必须具备作为社会主义事业建设者和接班人的素质要求。实施素质教育，要求把德育、智育、体育、美育等合理地安排在大学本科教学活动的各个环节中。各专业人才的培养不仅要抓好智育，更要重视德育，还要加强体育、美育和社会实践。使诸方面教育相互渗透协调发展，促进学生的全面发展和健康成长。在专业教学计划中，要加强对学生进行邓小平理论的教育。

2．拓宽专业口径，调整、合并专业

针对环境生态类原设专业划分过细，专业基础知识及专业知识面过窄等方面的问题，在充分调查与分析国内外同类专业人才培养现状以及国内人才市场需求的基础上，调整、合并专业，增强学生就业的适应能力。在各专业人才培养目标中，要明确毕业生应具备的知识结构与实践能力，适于到哪些部门（或企业）做哪些技术领域的工作。

3．转变教育观念，改革人才培养模式

改变以往专业人才培养中以课堂传授知识为主的教学模式，积极实行启发式和讨论式教学，激发学生独立思考和创新的意识。重视培养学生收集处理信息的能力，获取新知识的能力、分析和解决问题的能力、语言文字表达能力以及团结协作和社会活动的能力。

4．把新专业教学计划的制定作为教学改革的中心环节

实施素质教育、拓宽专业口径、改革人才培养模式等指导思想与原则，需要体现在各个新专业的教学计划之中。教学计划规定了总学时数、必修课及选修课学时比例，以及必须的公共基础课（政治理论、法律、外语、计算机知识、体育、美育、人文等）、专业类群、基础课（数、理、化、生物学、植物学、测量学等）、专业基础课以及专业课的课程门数与学时数。为了培养学生的独立工作能力，照顾不同地区、不同部门人才市场需求的特点，必须规定足够的选修课学时与课程门数。为了加强学生的实践能力，还必须保证适当的实践课学时。同一专业的教学计划不得按所谓的"专业方向"设必修的专业基础课与专业课，以保证学生的知识与能力真正得以拓宽。环境生态类各专业教学计划总学时以不超过 2500 学时为宜，必修课学时以不超过 70% 为宜。

5．深化教学内容与课程体系改革，编写新教材是实施新教学计划的保证

在以往专业划分过细的情况下，课程也越分越多。有些课程根据篇、章把一门完整的课程分成了许多新课程，导致教学内容失去系统性、整体性，教学内容重复，浪费学时。在拓宽专业口径、减少总学时数及必修课学时比例的情况下，深化教学内容与课程体系改革势在必行。在新教学计划中所列的必修课（包括专业基础课与专业课）主要讲授某一课程的基本理论与知识，不能任意伸延到其他课程涉及的领域。新课程体系的设置及各门课程教学内容

的确定，要充分组织项目组成员及教学指导委员会成员讨论，避免片面性。

6. 改革教学方法

把改革教学方法当作深化教学改革、实施教学计划的重要内容。探索"参与式教学"、"开放式教学"、"自主式教学"等等各种有利于人才培养的新的实践性教学方法。充分利用计算机、电教化手段、多媒体等先进工具，增强学生感性认识，提高学生学习主动性，巩固教学内容，提高教学质量。

改革教学方法的目的是提高单位学时内的教学效果，有利于节省教学时数。为了改革教学方法，需要加强实验室及实习基地建设，增加电教设施的投入。

森林资源类本科人才培养模式改革的研究与实践

2005 年国家级教学成果一等奖
2004 年北京市级教学成果一等奖
2004 年校级教学成果特等奖
主要完成人：尹伟伦、韩海荣、孟宪宇、叶建仁、胡庭兴

本成果是 4 个关于森林资源类林学专业面向 21 世纪教改项目的汇总与整合（"九五"、"十五"教育部国家专项两项和林业部、北京市教委专项两项），也是历时十年林学专业教学改革与实践应用的总结。参加单位几乎涵盖全国设有此专业类群的主要农林院校十余所，这些院校既共同合作完成此项目，同时各校皆以此成果为指导蓝本，结合本校情况实现了各自的教学改革和教改成果共享。因此可以说此成果是多所农林院校合作研究的成果，也是对各院校森林资源类林学专业教改发挥了根本性和重要指导性作用的成果，并且经过十年数届毕业生教学使用得以不断检验和完善，在目前的教学中仍发挥着巨大的作用。它包含着教育思想和培养目标的转变；教学内容和教学方法的现代化改革；教学计划和培养模式的重新构筑；课程体系教材建设；第二课堂培养目标和教学计划的构建；教学管理体系制度的改革；毕业生质量的社会评价调查等全方位的教学改革与实践。

一、森林资源教学改革的必要性、意义及改革思路的研究

本研究针对人类生存环境恶化引起世界林业经营方向发生了从以木材生产为主转向生态建设环境保护为主的根本转变，这就必然要求林学专业人才培养目标、模式、课程体系及教材内容皆随之发生根本性的变革。将原来以木材培育、采伐更新、加工利用为主干课的教学计划几乎全面更改，转向森林恢复重建、森林稳定性培养、生态效益发挥、环境保护、森林多功能利用、林副产品综合加工及林、山、水、土、大气综合生态效益、社会效益的可持续发展的学术方向上来。林业行业功能如此大力度的根本性变革是其他行业所没有的，因此森林资源类高等教育改革也必然是从教育思想、培养目标、方案、课程设置、教学内容及教学管理等方面全方位重新构筑的根本性改革。其改革的深度、广度、难度及工作量皆是其他专业教学改革所不可比拟的。所以本次森林资源类专业的教学改革可以称作为是森林资源类高等教育史上的一次革命，是里程碑式的教改历程，是对森林功能的再认识，也是对林业高等教育的再认识和深化，意义重大，影响深远。

二、项目研究的主要内容

(1)国内外一般高等教育思想转变和发展趋势研究。

（2）国际各国林学专业教育改革的调查与研究。

（3）世界林业行业经营方向的转变及对人才知识结构的需求。

（4）我国林业行业服务方向的转变对新世纪人才培养改革的要求。

（5）现代科技发展及高新技术对林业未来人才科技能力的要求。

（6）过去50年林学专业高等教育的经验与差距。

（7）世界各国林学专业教学改革趋势研究与经验借鉴。

（8）新世纪森林资源类专业设置与培养目标、教学计划的研究。

（9）教材建设与课件建设。

（10）新教学计划的运行、总结与完善。

（11）教学管理体制与制度的配套改革。

（12）第二课堂素质教育的理念研究，教学计划制定及运行管理制度的实践。

（13）教学方法改革与课程整合及教材、课件建设。

（14）教学改革成果在全国各校推广、应用及效果调研。

三、我国林业高等教育存在的主要差距与问题

研究发现我国林业高等教育存在的主要差距与问题在于：

（1）教育观念陈旧，传统的一次性大学教育难以终生受用。

（2）培养出的是知识面窄、基础薄、理论旧、实践少、能力差、素质弱的"千人一面"、"专才教育型"人才。

（3）教学内容陈旧。重林木生产经营和木材加工利用的经济效益的旧林学观，轻生态环境保护、人与自然和谐、生态效益可持续发展的新林业战略观。严重脱离生产实际和生态建设为主的林业可持续发展战略。

（4）重知识传授，轻素质教育，重理论学习，轻能力素质。重第一课堂，轻第二课堂个性发挥和素质培养及潜能的培育。

（5）课程结构单一，教学手段落后，仅有单一林业科学的教学内容，缺乏人文、社会、经济等学科的交叉渗透。

（6）多重视教师的教学改革，缺乏教学管理思路的开拓和教育体制的改革等。

这些皆严重违背了现代教育思想和现代林业科学发展观、社会经济及人才市场的发展需求。所以研究认为林业高等教育的改革势在必行，也是历史的必然，更是林业现代化进程的必然要求。

四、本项目取得的研究成果

研究认为高等教育思想和教育观念的转变是教学改革的首要问题。揭示了过去教育缺陷在于教育观念陈旧、狭窄专才教育目标，重知识轻素质的灌输方法已不适应新世纪的需求。打破传统的单一重视灌输知识，一次性教育观念的专才培养的陈旧思想，提出传授知识与能力素质教育相结合的理念；将宽口径基础知识与专业技能及个性发展相结合；理论、实践、能力相结合；第一课堂与第二课堂相结合的全时空育人理念；本科教育与终生教育相结合；确定了复合型、创新型、创业型人才的培养目标。由此形成了全新的创新教育理念、现代化教学方法，制定出"一主两翼、三位一体"的重基础、宽专业、强能力、高素质的新型人才

培养模式，构建了"理论授课体系、实践教学体系、第二课堂素质教育体系"的三个教学平台。建立了"宽口径、厚基础、尊个性、强实践"的培养方案和目标。形成了一批与时俱进不断推进教学改革深化的师资队伍和教学管理队伍，这些成果为保证高等教育今后能跟踪时代发展，永葆教育改革的活力探索出了新路子。

本研究结合国情借鉴并吸收了美、加、德、日、法、英、韩、俄等国林业高等教育的先进思想和经验：①采纳了美国通才教育的趋势，加强基础课通识教育，一年级打通课程安排，增加选修课，拓宽专业口径；②借鉴加拿大的林学、环境和森林工程结合的复合型人才培养计划；③学习了德国实践课比例加大到1/3的比重，提高学生动手能力和适应生产的能力；④参考了日本农林教育中的生物科学为基础，以生物生产、应用生物学及环境科学为支柱构建新林业教育体系的思路；⑤吸收俄国学生必须参加技能考核的做法；⑥同时也依据我国森林资源短缺，生态环境恶化，经济尚不发达，高新技术不足和中国林业可持续发展的战略思考等国情，提出了中国森林资源类高等教育人才培养在紧跟国内外高等教育思想发展潮流的同时，必须适应中国林业可持续发展新战略的要求，运用森林生态资源恢复、重建和可持续经营的新理论，重新构建各门课程内容的知识理论新体系，优化教学计划的课程体系和教学内容。特别是删去陈旧的课程和内容，压缩学时，增加高新技术、信息科学、人文、社科等新内容；增加实践教学和第二课堂素质教育与个性发展的空间，提出了"厚基础、宽专业、强能力、高素质"、"通才型"、"创新型"人才培养的新模式，据此制定了"以教师传授知识、学生获取知识增长能力为主线，能力培养、素质养成为两翼支撑，知识、能力、素质三者协调发展"的"一主两翼、三位一体"的人才培养方案和教学计划，构建了适应林业行业服务功能根本转变所需求的知识结构。并遵循高等教育规律，由理论教学、实践教学、第二课堂素质养成、高新信息技术介入，人、文、经、管多学科渗透的森林资源类林学专业新教学计划。

本成果还重点研究利用"第二课堂"，开辟人才素质和能力培养基地：将"第一课堂"与"第二课堂"联合起来，形成学生全时空培养教育的新理念。都进入教学计划，计入学分，将"第二课堂"作为"第一课堂"的知识补充和完善、教学内容的延伸、自学能力锻炼的场所、学生个性发展的空间，形成了素质教育的新阵地。本研究中首次根据"思想、道德、人才技能、科技创新与创业、社会实践与服务、绿色环保、文体、艺术与身心健康"为主题内容创新构建了二课堂四年的教学计划和教学大纲，撰写了教材，组建了教研组和校院两级管理组织机构，开展了全方位、多层次、分阶段、分班组的教学过程。经过多年实践与完善，现已形成"思想道德、文化修养、学术熏陶、社会实践、审美、心理、意志锻炼"的素质教育新体系和必不可少的教学环节。年年都培养出一大批学生的科研、论文及思想成长等方面的国家级、省部级成果奖励。使之成为"一主两翼、三位一体"人才培养方案中具有非常重要且不可替代作用的重要组成部分。

为了配合教改成果实现有效的教学管理，还开展了教学管理体制的改革研究：①教风、学风建设，形成教书育人、为人师表的教师敬业精神和学生"以学为主、勤奋拼搏"的学风。②开设辅修专业，培养复合型人才，激励优秀生（30%）自选转专业。③建立弹性学制，满足学生自主学习、自我发展的需求。④组建综合实验室、设计性实验室，提高学生技能，培养创新意识。⑤建立学生评教机制、教师挂牌上课、教学督导制度，形成课堂评价、督导评价和管理层评价的教学质量评价系统。⑥推行学科和教研组一体化，促进学科学术新成果、新进展，尽快进入本科课程教学内容，促进教学内容更新速度；使本科生能更早参与教师科学研究，培养科学思维，探索创新能力。⑦教学管理方式改革，实现选课网络化，自主选课个性发展，培养自我构造知识结构的能力，执行"学分制、主辅修制和免听制"。

本项目撰写和发表了论文 192 篇，多媒体课件建设 50 件，新编教材 25 种，出版专著 8 种，推广应用 14 个高校单位，先后获取省级教学改革成果奖 9 项。

五、成果的创新点

（1）彻底改变了传统沿用近百年以木材生产为主的人才培养思路，首次重新构筑了以环境保护、生态建设为主的人才培养方案，是一次林业高等教育教学体系的根本改变，这是大力度、根本性的改革，是其他行业高校任何专业改革所不可比拟的创新特点。

（2）提出了符合新世纪教育思想和行业人才需求的知识、能力、素质相结合的"一主两翼、三位一体"的林业高等教育的新理念，实现了理论、实践、第二课堂相结合的教学计划，是很有林学专业特色的创新教育理论和改革实践。

（3）素质教育已成为教育改革探索的新方向，特别是如何落实和实现素质教育效果的实施方案是教改的难点。本研究首次将第二课堂作为素质教育进行全面规划，对四年的教学计划、教学内容、教学组织机构、教材建设、学分认定进行了全面实施，为大学生知识、素质、能力全面提升创立了先河。

（4）建设了与教学计划配套的新教材 25 册，构建了教材内容的新体系，并配套建设多媒体课件 50 件，对教学方法进行了全方位的改革，大大提高了教学效果，为压缩教学学时、提高教学质量和效果创造了条件，是林学教育史上所没有的。

（5）生物、信息、高新技术、人文、社科、经济学等课程首次进入林学专业教学计划，为复合型人才培养创造了条件。

（6）如此大规模、几乎全部设有此类专业的高校共同开展对全国有指导作用的教改研究，形成了一批长期有效开展教改的师资队伍。

（7）改革了教学管理模式，培养了一批具有新颖教学理念的优秀管理队伍，引入了现代化管理手段，实现了教学管理的信息化、现代化，提高了教学管理水平。

六、本项目成果的应用及推广价值

本项目是连续十年不断线的森林资源类人才培养模式的课程体系、教学内容的系统改革，参加单位包括了全国设有此类专业的几乎所有的主要农林院校。这些院校近十年的教学改革都是贯彻了"边研究、边实践、边完善"的运行方式，都将此成果作为指导性教学计划和人才培养模式而在教学实践中推广应用，至今仍在这些高校的教学中运行使用，发挥了巨大的效益。

在专业调整研究中，本项目提出了"宽口径、厚基础、高素质、强能力"的培养方向，结合国内外林业行业从木材生产为主向生态与环境保护为主转变的现实，提出将原来 7 个专业调整为 3 个专业（林学、野生动植物资源利用、森林保护与游憩），已被国家采纳并在 1998 年的《普通高等学校本科专业目录和专业介绍》中颁布，为近几年森林资源类人才培养的质量提高，适应性拓宽、实践能力增强起到了重要作用。

本成果包含以生态建设、环境保护为主的人才培养模式、课程体系改革、教学内容改革、课程大纲修订、教学方法、教学手段改革、教学管理体制改革以及第二课堂育人理念等方面的成果，在十几个设有此专业的农林高校中推广使用，经过近十年的教学实践证明效果良好，并在对全国多省市用人单位毕业生质量调查中得到广泛肯定，表明了改革成果的正确性。

项目研究过程中凝聚了十余所大学的教改力量，形成了十年不断线的教学改革队伍，各校之间形成了教学改革的有机联系，这对于今后保持森林资源类的教学改革的活力奠定了扎实、稳定的基础，并将继续发挥巨大作用。

总之，本项成果是在研讨国内外高等教育思想转变的基础上，总结国内 50 年林学教育的经验与不足，针对林业行业功能任务根本转变的需求，从根本上重新塑造了适应生态建设为主的林业人才市场要求的新的培养模式，带动了整个林业院校教育思想和理念的转变，对林业工程、林业经济等其它学科的教改也起到了广泛的指导和借鉴作用，参加研究及推广应用的十多所高校都在总结并贯彻这一研究成果的指导性教学计划，同时结合本校实际，修订成原则一致、思路统一、各有特色、成效显著的面向 21 世纪人才培养计划。这在全国林业人才培养上是一个极大的理念、思想、质量、效益的全面进步。因此，本项目研究成果已在全国农林院校森林资源类各专业本科人才培养方案及教学中起到了指导性和示范性作用，并且仍将在目前和今后的教学改革中发挥巨大作用，对于相关学科、相关专业也会起到积极影响，具有广泛的推广价值。

七、项目成果鉴定

2004 年 10 月 12 日，全国高等学校教学研究中心组织鉴定委员会，对本项目的研究成果进行了会议鉴定。鉴定委员会听取了项目研究执行情况及成果汇报，查阅了相关材料，进行了质询。通过认真的讨论，以郭连生教授为主任委员，龚祖文教授为副主任委员的专家委员会一致同意该项目结题验收并通过成果鉴定。认为整个项目内容宏大，成果创新系统完善，适应林业行业职能根本转变的要求，从根本上重新构筑了林学人才培养模式和方案。推广应用效益广泛，改革的深度和广度是其它专业教改所不能比拟的，专家委员会一致认为：

1. 研究工作起点高

该成果整合了"高等农林院校森林资源类本科人才培养方案及教学内容、课程体系改革的研究与实践"、"林学专业人才培养方案及系列课程的整合"、"高等林业教育面向 21 世纪教学内容和课程体系改革研究"、"林学专业的教学改革"等四个项目的工作。项目的研究及实践站在人类生存环境日益恶化、林业经营方向从以木材生产为主转向以生态建设环境保护为主的高度，对森林资源类本科人才培养模式进行了根本性的改革和探索，意义重大，影响深远。

2. 研究内容全面、具体

项目的研究及实践紧紧围绕着人才培养模式的改革，从国内外高等教育思想转变和发展、林业行业经营服务方向的转变及现代科学技术发展对人才培养的要求，调整了森林资源类专业设置与培养目标；系统全面地修订了人才培养方案，整合了课程体系和教学内容，新编了课程教学大纲，改革了教学方法；在森林资源类专业教学计划中，增加了生物、信息高新技术和人文、社科、经济学等课程的比例，为复合型、创新型人才培养创造了条件；系统深入地研究了第二课堂在专业知识完善、个性发挥及素质培养中的作用和地位，建立了与专业教学计划相衔接、四年不断线的第二课堂教学体系；同时对教学管理制度进行了配套改革。

3．研究成果丰硕

制订了森林资源类专业人才培养新方案，优化了课程体系和教学内容，完善了相应的教学管理体系，建立了"一主、两翼、三位一体"的人才培养模式，构筑了"理论授课体系、实践教学体系、第二课堂素质教育体系"三个教学平台。撰写和发表了研究论文192篇、新编教材25种、出版专著8种、制作多媒体课件50件，获得省级教学成果奖9项。

4．研究注重实践

按照"边改革、边实践"的要求，历经十年，在全国14所院校森林资源类专业数届学生的培养过程中进行实践，不断地检验和完善，取得了显著的效果。

5．创新点突出

彻底改变了近百年来以木材生产为主的人才培养思路，首次构筑了以环境保护、生态建设为目标的人才培养方案；创建了符合新世纪教育思想和林业行业人才需求的"一主两翼、三位一体"的人才培养模式；创建了第一课堂与第二课堂相结合的全时空育人理论和实施方案。

该系列项目的研究和实践，目标明确，思路清晰，方法科学，过程完整，工作扎实，资料齐全，可操作性强，对培养新世纪森林资源类本科人才有显著的效果，是一项重大的教学改革成果，在同类研究中处于领先水平。

"研究型大学"目标定位下本科教学"分类管理"的研究与实践

2009 年国家级教学成果二等奖
2008 年北京市级教学成果一等奖
2007 年校级教学成果一等奖

主要完成人：宋维明、韩海荣、张戎、程堂仁、冯铎

行业特色鲜明、优势明显的教学研究型大学逐步向研究型大学转型，建设成为高水平大学，是高等教育和大学发展的必然趋势，也是我国建设创新型国家的迫切需求。如何更新观念，开展本科教学改革，创新教学管理模式，提高人才培养效益，成为大学转型中本科教学管理面临的重要课题。

作为中国林业高等教育领头雁，自 2000 年起，北京林业大学围绕教育振兴计划课题《北京林业大学教育教学系列改革研究的理论与实践》和北京市教改项目，开展转型过程中高等学校本科教学管理的研究和实践，提出以提高质量为宗旨，以制度创新为突破，立足转型过程中高校教学实际，紧扣教学管理模式创新的主题，抓好顶层设计，实施分类指导，边研究、边实践、边完善、边推广，构建本科教学"分类管理"新模式。

一、成果主要内容

(一)顶层设计，专业分型，提出"分类管理"思想

教学研究型大学学科专业发展不均衡，资源配置不尽合理。改变以往"一刀切"的教学管理模式，建立长效运行机制，进一步理顺关系，优化教学资源配置，是实现向研究型大学成功转型的基础。

为此，学校以创新本科教学管理为目标，以制度创新为突破口，提出了"分类指导，分类施策，分类培养"的改革理念，学校对本科专业进行摸底调查和前景分析，结合学校定位，对各专业学科基础与力量、师资队伍、教学条件、就业率、读研率和专业国内影响等指标进行评估，参考联合国教科文组织对人才培养的分类方法，提出将专业分为"研究型专业"和"应用型专业"，制订相应的人才培养质量标准，形成与之匹配的人才培养方案，构建了教学研究型大学转型过程中的本科教学分类管理新模式。

本科教学分类管理是学校根据办学定位、办学实际和社会对人才的客观需求，对本科教学进行分类指导，专业进行分类建设、人才进行分类培养的一种管理方式，有利于构建结构合理的人才培养体系，是学校向研究型大学转型的基础。

研究型专业指依托学科实力雄厚、师资队伍结构合理、在国内外有较大影响、优势明显

的专业，旨在为研究生教育输送合格人才、为社会输送精英人才，如林学、生物科学专业等。定位于保持优势，突出特色，是学校精心打造的品牌专业。

应用型专业指适需开办，拥有一定学科基础和师资力量的布点专业，旨在培养既有一定理论基础，又有实际动手能力，从事非学术研究工作的高级技术人才，如自动化、工商管理专业等。此类专业定位于加强建设，拓宽服务面向。应用型专业对学生科研能力培养也有一定要求，应逐步向研究型专业发展。

"分类管理"不是简单的区别管理，一方面两类专业都强调素质和能力的全面培养，只是因培养目标不同而各有偏重；另一方面部分应用型专业将逐步向研究型专业转型。在具体管理上针对每个专业的发展趋势和状态，不断转变管理和指导方式。

（二）理顺关系，整合资源，建立支撑系统

1. 调整专业布局

学校以"按性归类、利于专攻、管理有效、形成优势"为原则，按照学科门类和专业特点，对管理类、环境类、信息类等专业进行归类和调整，使相同性质专业分布在同一学院。专业布局整体呈现出以林学、生物科学等研究型专业为塔尖，计算机、英语、自动化等应用型专业为基础的金字塔形特色。

2. 优化教师结构

研究型专业一方面延揽拔尖人才，一方面鼓励青年教师参与科研和学术交流等活动，创建吸引和培育大师的环境。应用型专业一方面鼓励青年教师产、学、研结合，一方面吸收来自行业、企业一线的高水平兼职教师，不断改善师资队伍结构。

3. 整合实验室资源

实验室由分散管理转为集中管理，建成 12 个独立运行的实验教学中心。设立"科技创新基金"，为研究型专业开放专业基础实验室，吸引学生参与科学研究活动，同时，鼓励学生自选项目进行开放性实验。根据各类竞赛和学生参加科技活动的实际需要，为应用型专业提供开展发明、制作等活动的实验室。

4. 积极拓展各种渠道，建立与学科专业结构相匹配的实习基地

研究型专业依靠学科优势，在北京密云，湖北三峡，甘肃小陇山，山东兖州，山西吉县、太岳山等地建设科研基地，引导学生参与教师科研课题。如生物科学专业高宇同学参加国家"973"项目课题"分子改良木材性状表达与鉴定"的研究工作。

应用型专业加强校企合作，与北京现代汽车有限公司等 100 多个单位签署合作协议，建立长期稳定的实习基地，结合第二课堂等实习实训活动，学生将所学知识与生产实际相结合。如机械专业学生吴海洋通过到广州弘亚机械有限公司实习，设计了"板材自动送料机控制系统和送料机构"，受到公司的好评。

（三）分类施策，分类培养，固化"分类管理"思想

1. 构建"强基础、重研究、尊个性"的研究型专业人才培养方案

研究型专业以培养理论基础扎实、综合能力强、人文修养底蕴深厚的研究型人才为目标，课程设置上增加了基础和专业基础课的比重，在确立核心课程的基础上整合课程，实现内容的交叉和融合。如园林专业将原有 43 门课程整合成以"植物、设计、艺术"为三条主线的 29 门课程，注重各条主线之间相互协调和课程间的衔接，做到每门课程知识点相对独立，避免交叉、重叠和盲区。

实践教学上，建立相对独立的综合实践教学平台，更新内容，注重与学科前沿接轨，整合成新的实践内容。如生物科学专业增加了 DNA 重组与克隆、Southern 印染杂交等实验；加大综合性、开放性、设计性实验开设比例，培养学生科研能力。鼓励开展多门课程的综合实习，如林学专业，以林学大学科为基础，整合系列课程实践教学环节，如"植物学、树木学、昆虫学、病理学"4 门课程实习整合为"林学综合实习"。

教学方法上，强调学生主体地位，突出研究型教学，使学生建立研究型学习模式，培养学生创新思维和探索精神。如生物科学专业，在"进展专题"中，邀请国内外专家为学生介绍学科前沿知识，营造学术氛围。

2. 构建"宽口径、强技能、重实用"的应用型专业人才培养方案

应用型专业以培养社会需要的实用型和技能型人才为目标，在课程设置上，构建"理论基础 + 专业技能"的课程平台、"专业主干课程 + 跨专业任选课程"的模块化课程体系。如机械专业重点调整了专业基础、信息类等课程设置，以"数字化设计与制造"、"机电一体化"为核心，新增了"计算机辅助工艺设计"、"CAD/CAM 强化训练"等信息化课程，保证学生一专多能。

实践教学上，构建校内专业素质拓展训练和校外实习相结合的培养体系，设置多学科相结合的综合实习实验课程，整合实验内容，确定相应的基础实验、专业实验和模块实验的内容，突出各阶段能力培养重点。如机械专业在原有五个机械工程基础实验的基础上，完善和新建了控制工程倒立摆、液压与气动等组合实验，在不同阶段结合不同理论课程。

教学方法上，强调理论联系实际，训练和培养学生获取经验，运用知识解决实际问题的能力。如会计学专业，"金融市场学"课程模拟股票交易，促使学生提高规避金融风险的能力。

(四)深化改革，体现层次，搭建创新平台

针对不同类型的专业，教改立项体现不同要求。2002 年至今，学校各类教改研究项目 500 余项，支持经费 1 千余万元，2000 人次的教师参与教学研究，为实现人才培养目标搭建了不断完善的创新平台。

1. 教改内容体现差异性

专业建设中，研究型专业构建"学术型"人才培养模式，加大对研究型课程模块的整合力度；应用型专业构建"实用型"人才培养模式，根据服务面向，注重学生创业能力的培养。

课程改革中，研究型专业采取研究型教学方法和学习模式，应用型专业注重理论联系实际，注重动手能力培养。

实践教学改革中，研究型专业提倡系列课程整合的综合实习。应用型专业注重实际操作能力培养。

2. 项目类型体现层次性

研究型专业积极争取省部级以上教学建设项目。在 9 个国家级和北京市特色专业、5 个国家级和北京市优秀教学团队、6 名北京市教学名师、22 门国家和北京市精品课程、100 余种国家和北京市教材中，2/3 以上出自研究型专业。

学校在政策上鼓励并扶持应用型专业积极参与校级教改项目。在校级教改项目中，应用型专业占近 70% 。

（五）分类评估，分类指导，建立调控系统

评估是保证专业分类建设和管理目标实现的重要手段。学校以专业评估为"关键点"，2~3年开展一次专业评估，加强对专业分类建设的过程管理。在评估指标体系中对研究型专业和应用型专业制订不同的考核要求，如：

"主讲教师"考核指标中，要求研究型专业：聘请校外知名专家、学者承担教学任务；应用型专业：有"双师型"教师或企业专家作为教师，工学专业有一定数量具有工程经历教师。

"专业"考核指标中，要求研究型专业：体现复合型、国际化人才培养理念，注重创新精神、科学研究能力的培养；应用型专业：突出学生实践能力和行业竞争力培养。制订人才培养方案应听取行业专家意见。

"课程"考核指标中，要求研究型专业：有更扎实的基础课教育，专业课程教学内容应体现本学科新发展，教学方法和考试方法上以体现研究型教学为主导；应用型专业：把能力本位思想贯穿于课程教学全过程，课程结构上根据能力培养需要整合知识。

"毕业论文"考核指标中，要求研究型专业：有一定数量论文（设计）结合学科前沿，80%以上选题与教师的科研项目相关；应用型专业：每位教师指导的学生数不超过6人。工科选题要结合工程实际。

专家根据评估情况，提出意见或建议，实行专家行为的"分类指导"，促使各类专业按照不同目标进行建设。

（六）信息管理，高效服务，搭建沟通平台

依托校内网络教学平台做好网络课程建设，构建了课程网络交流平台，700余门课程在教学平台上稳定运行。鼓励不同类型专业按知识点建立不同类型的网络教学资源库，农林经济管理等研究型专业建立的案例资源库、最新科研进展资源库，英语、计算机等应用型专业建立的学习软件库、模拟实验资源库等。

通过教务系统实现了教学管理的数字化，工作效率显著提高，教学管理人员将工作重心从事务性工作转移到提供质量更高的教学管理服务上来，对各种教学信息进行采集和分析，按分类管理的要求，分类分层地为决策者和广大教师提供有价值的信息支持。

（七）建章立制，良性循环，形成长效机制

不断创新教学管理制度，形成本科教学分类管理模式高效运行的长效机制，实现运行机制的创新与效率保障制度的衔接。

1. 学校成立专业评议委员会

参与学校发展规划、教学改革、专业设置、专业学科建设、实验室建设和专业评估，按学科门类设置15个分委员会，具体负责各专业建设指导。各专业负责人在专业评议委员会指导下，开展专业规划制订、教学队伍建设、教学内容与课程体系改革、教材建设等工作。

2. 学校制定规划，彰显分类管理

在专业评议委员会参与下，学校制定"十五"及"十一五"专业建设、课程建设和教材建设"三大规划"，逐步明确不同类型专业在各教学建设中的侧重点。制定《关于引进高层次人才工作的暂行规定》等文件，对不同类别专业采取不同的政策倾斜，加大对专业分类建设的宏观管理。

3．学院措施配套，落实分类管理

学院建立健全规章制度，加强分类指导和管理，如针对研究型专业制订《导师制》、《本科生发表论文补助》等制度，针对应用型专业制订《大学生科技活动立项管理》等制度，逐步成为教学管理的主体。

4．完善各教学环节质量标准，将"分类管理"贯穿于本科教学的始终

如不同专业在毕业论文选题要求与专业定位相结合，研究型专业近三年学生毕业论文（设计）70％以上来自科研，林学、生物科学等专业超过90％，应用型专业50％以上来自生产实践。

二、成果实践成效

（一）人才培养成效显著

1．学生综合素质不断提高

研究型专业学生科学素养不断提高。2002年以来，1万多名本科生参加科研课题，超过80％的学生参与教师科研。生物科学专业学生在核心期刊发表论文70篇，个别论文被SCI收录，部分发明获国家专利。

应用型专业学生动手能力不断增强。学生参与科技创新，成绩突出。2002年以来，约有1.2万人次参加全国大学生数学建模竞赛等学科竞赛，1300多人次获奖625项，应用型专业学生获奖数占85％以上。风景园林专业学生在联合国教科文组织举办的"世界大学生风景园林设计大赛"、"世界大学生建筑设计大赛"等国际设计大赛中屡获金奖。

2．人才培养质量得到认可，社会评价高

本科生源质量不断提高。实施"分类管理"以来，学校第一志愿录取率保持在90％以上，录取平均分数高全国平均重点线30分左右。调查显示，90％以上的中学认为我校教学质量高，家长对学校办学满意。

研究型专业读研率提高。学生考取外校、科研院所的人数逐年增加，林学、水保等研究型专业读研率在40％以上，生物科学专业为84％。比实施"分类管理"前提高20个百分点。每年都有大量毕业生到清华、北大、中科院等知名高校和科研院所深造，部分毕业生被国外知名大学录取，人才培养质量得到高度认可。

应用型专业就业质量好。79％以上毕业生从事与专业相关的工作。2004年来，已有500多人进入国家机关工作，2300多人进入国有大中型企业、外资企业工作，较之前有大幅提高。用人单位满意度86.5％。

（二）教师及教学管理队伍整体水平得到提高

"分类管理"的实施增强教师教学改革的积极性，促进教学水平提高，教师学生评教成绩从2000年的84分上升到2008年的90.5分。一批长江学者特聘教授、教学名师、博士生导师积极承担本科教学任务和教改项目，在指导本科生毕业设计（论文）、科研训练、学科竞赛、综合实验等方面起到了示范性作用。以200多名教授、副教授为主体，组建高水平教学团队，进行专业、课程、教材、网络教学资源、学术专题等建设，大大提升了本科教学工作水平。

教师和教学管理人员发表相关教改研究论文多篇，出版4部教改论文集。

三、创新点与推广情况

(一)创新点

(1)提出"研究型大学"目标定位下本科教学管理"分类指导,分类施策,分类培养"的理念,优化教学资源配置,提高人才培养质量。

(2)创建"教学研究型大学"向"研究型大学"转型过程中本科教学"分类管理"模式,实现分类建设和管理。

(3)构建以"研究型大学"为发展目标的本科人才培养新方案,固化"分类管理"思想。明确不同类型专业课程设置要求,突出优势和特色。

(4)建立本科教学"分类管理"高效运行的长效机制,制订完善相关制度及各教学环节质量标准,通过专业分类评估,加强专业建设过程管理。

(二)推广价值与社会影响

该成果 2002 年起在全校全面实施。经过改革与实践,"分类管理"思想不断完善,学校教学资源得到优化,人才培养方案进一步完善,教学改革成效显著,人才培养质量不断提高,受益学生近 3 万,对我校教育教学改革产生了深远影响。对转型中的教学研究型大学、行业特色明显的高等院校的教育教学改革和本科教学管理,具有借鉴意义和推广价值,受到社会和高校的高度关注,50 多所高校来校考察、交流。我校教学管理水平得到了北京市教育主管部门的高度认可,被评为"北京市高等学校先进教务处"。

林业拔尖创新型人才培养模式的研究与实践

2009 年国家级教学成果二等奖
2008 年北京市级教学成果一等奖
2007 年校级教学成果一等奖

主要完成人：尹伟伦、韩海荣、程堂仁、张志翔、郑彩霞

一、研究背景

国力的竞争归根结底是人才竞争，人才竞争的根本是拔尖人才创新能力的竞争，培养拔尖创新型人才是创新型国家的根基。因此，培养学术领军、大师级人才、培养高水平拔尖创新型人才，是高等教育的责任，也是教育教学改革的核心问题。

北京林业大学在半个多世纪的办学实践中，逐步形成了"知山知水，树木树人"的办学理念，始终致力于优秀拔尖创新型人才培养的研究与实践，为我校培养了一代又一代处于林业高校排头兵的雄厚师资队伍，为行业输送了大批业务骨干和 13 位院士，凝炼其培养经验，对于构建适应创新型国家需求的拔尖创新型人才的培养模式具有重要的实践和指导意义。

处于我国林业高校排头兵的北京林业大学始终把培养拔尖创新型人才作为学校的育人特色和责任。近年来，结合建设创新型国家的需求以及学校的办学理念，着力深化教育改革，与时俱进完善创新型人才培养模式，积极探索在大众化教育背景下的精英教育、培养拔尖创新型人才的育人实践。为此，学校于 1997 年开始实施培养创新型人才的教学改革项目，创建了致力于培养注重森林生物学基础的拔尖创新型人才"基地班"，在总结"基地班"经验基础上，本世纪又创建了林业、水土保持、农林经济管理等方向的拔尖创新型人才培养的"梁希班"，进一步探索育人理念，优化培养方案，加强课程改革和教材建设，逐步形成了一整套培养林业拔尖创新型人才的培养体系，培养了一批具有创新思维、竞争力强的创新型人才，在国内外升学、工作过程中均显示出十分突出的优势，也通过滚动管理等机制创新带动了学校整体教育质量的提高。

二、成果内容

历经 12 年的改革，总结几十年的经验，探索、发展、完善、实践了"在大众化教育下实施精英教育、拔尖创新人才培养对大众化教育质量提高的辐射作用"模式，改革了全程教学环节，已有 8 届毕业生。

（一）总结拔尖创新人才培养经验，构建林业拔尖创新人才培养新模式

北京林业大学 50 多年来，为国家培养了包括 13 位院士（占全国林业高校总共 16 位院士

的81%）在内的5万多名高级技术与管理人才，积累了培养引领林业科学事业发展的拔尖创新人才的丰富经验，尤其是13位院士源于相同的专业而在森林培育、植物生理、遗传育种、生态学、水土保持、遥感、应用数学等广阔领域上独领风骚，成为多学科领军人，这表明我校育人优势有始终坚持打造扎实的森林生物基础和完备的数理化知识平台的特色；其二是具有自我完善知识结构和拓展新的学术生长点的能力；其三是艰苦专业课程培育了树立吃苦耐劳、执着奋进、永不言败的学风和人生观是拔尖创新型人才成长与成功的根本保障。

本成果总结了数十年培养以一大批院士为代表的精英人才成功经验，又发展完善出"宽厚基础，张扬个性，明德至善，博学笃行"的林业拔尖创新人才培养理念，探索了"以夯实森林生物学基础的拔尖创新型人才"和"林业、水土保持、生态学、农林经济管理等方向的拔尖创新型人才"为目标的新培养模式。充分依托国家级重点学科和科研基地的综合优势，先后创建了国家理科基地班和"梁希实验班"，历经十多年的探索与实践，构建了以立志艰苦行业素质养成、学生主动获取知识、增强实践能力为主线，坚持理论与实践相结合、第一课堂与第二课堂相结合，实施理论教育、素质教育、创新思维教育，构建通识类、学科基础类、专业类、学术创新类四大课程模块，即"一条主线、两个结合、三种教育、四大模块"的拔尖创新型人才培养新模式。

（二）完善人才培养方案，注重学生全面发展

提出了创新能力培养重点是创新思维能力培养的思路，以学生创新思维和实践能力培养为目标，整合优化课程体系，增设了名师讲堂（讲传统经典理论形成和名师科研创新思维过程，启迪创新思维能力）、创新学分、创新科研训练等课程和环节，注重学生创新意识和创新能力培养，这是我校培养出院士的经验，成为今天培养拔尖创新型人才的重要举措。

1. 优化课程体系，更新教学内容

不断整合课程，充分注重个性，注重基础，注重实践，注重前沿，注重素质，促进学生知识、能力和素质的协调发展。同时删除陈旧知识，反映前沿；传授知识同时注重经典理论产生的思维设计能力讲授。如：理顺《植物生理学》、《遗传学》、《生物化学》、《分子生物学》、《植物学》等课程关系，明确各课程的讲授内容及重点，《植物生理学》删去了生化和分子生物学的内容，《遗传学》删去了生化的基础内容，强化遗传规律及应用，《植物生理学》增强了抗逆生理等方面的内容，《分子生物学》、《生物化学》和《细胞生物学》既减少了课程之间的内容重叠，又加强了课程的系统性。

2. 强化思想品德教育，注重高尚人格和意志品质养成

设置名师讲堂为必修环节，通过大师现场讲解成才经历与奋斗历程，将德育教育与专业知识结合，注重专业成就感培养，以大师感召学生，激发学生从事艰苦行业，在实践中陶冶情操、砥砺人生，培养艰苦奋斗、吃苦耐劳、淡泊名利、志存高远的意志品质，在艰苦岗位上奉献并成就卓越。如王涛院士每年都来到学生之中，结合自身的成才体会对学生进行如何成才和成功的教育报告，传授思想、启迪人生、憧憬未来。

3. 加强实践教学，培养实践创新能力

实践教学改革体现四个转变，即：由单项实验转向综合实验，由验证实验转向设计性实验，由认知实习转向综合实习，由单门课程的实习转向多门课程综合实习，重在培养实践创新能力。如，将分子生物学与生物化学实验课整合，开设80学时的生化与分子生物学大实验，系统训练学生的基本实践技能。

4. 设置创新学分，促进学生个性发展

将创新学分设置成必修课，加强学生创新思维、创新精神和实践能力培养，鼓励学生创新，激励学生参加科研课题、科技竞赛、发明创造、生产实践、教学改革、学术研讨等各种形式的创造性活动。学生在第一课堂外实施的创新活动中获得的科技发明成果、学术科技竞赛获奖、公开发表的科研论文等等，均可以取得创新学分，促进个性发展，提高学生的综合素质。

5. 设置创新科研训练，提高学生的科技创新能力

设置创新科研训练课程，对学生进行系统的科研技能训练，在系统传授科研内容、方法等基本理论的基础上，要求学生在导师指导下必须完成一些科研作业（规定项目），同时，参与导师承担的科研工作，体验和熟悉本学科的实际科研（自选项目），使学生不仅受到科研方法的系统训练，而且有效地培养了科学精神、学术品德、创新意识以及分析问题和解决问题的能力。

同时，学生的毕业论文（设计）必须与教师的科研结合起来进行，把学过的专业知识运用于科研实践，把部分学生送到中科院等科研院所、知名高校做毕业论文，在理论和实际结合过程中进一步消化、加深和巩固所学的专业知识，并把所学的专业知识转化为分析和解决问题的能力。

6. 加强第二课堂教育，拓宽学术视野

大力开展第二课堂，使其成为第一课堂的补充与延伸和个性发展的空间，成为学习大师典范的殿堂。邀请国内外知名专家，开设学术讲座课，增设校友院士讲坛、学术创新成果讲坛、历代大师经典理论与技术讲坛等，拓宽学术视野。

（三）改革教学方法，注重创新思维能力的培养

更新以知识传授为主的教学方式，建立"集传授知识、能力培养、启发思维于一体"的教育方法，贯彻以学生为主体的教学思想，实施借助于现代教育技术手段的启发式、探究式、互动式教学方法，充分发挥了学生的主观能动性，使学生智力得到充分开发，有效提高教学质量。如采用"一图一表式"教学法，将枯燥难学的植物生理学课程讲活讲透，教会学生融汇贯通提高创新学习能力。遗传学等课程将科研的最新成果引入课堂，引导学生接触新理论、新技术，开阔新视野。

创新能力培养的关键是培养学生的创新思维能力，教学过程中尽力捕捉学生创造性思维的兴奋点，将创新思维能力的培养渗透到各个教学环节。通过讲授经典理论形成的思维过程进行导趣、导思、导法，促使学生多动口、多动手、多猜想、多发现、多创造。

（四）创新教学管理机制，保障和促进拔尖创新型人才的培养

（1）引入竞争机制，"优中选优、大类培养、滚动管理"，在大众化教育背景下促使创新型人才脱颖而出。

（2）实施全学程导师制，学生在导师的指导下进行学习和开展系统科研训练，实行一对一的研究性培养指导，形成个性化的培养方案。

（3）制定教学方法改革指导意见，明确提出"教学方法要先行"。要求教师把传授经典理论的创新思维过程贯彻到教学中去，作为知识点传授给学生；要求教师在传授知识的同时，加强章节间、课程间知识的融会贯通，提高学生总结、归纳、分析、创新的能力，达到启发思维的目的。

（4）设立"学生创新培养基金"、"科技创新奖"、"基地奖学金"、"精英奖学金"，激励学生积极参与科技创新、学科竞赛等。

（5）制定名师讲堂实施办法、科研训练计划实施办法、创新学分认定办法，鼓励学生参加科技创新活动，培养学生的创新精神和创新能力，拓宽视野，促进个性发展。

（6）大类培养中专业平台课程实行与普通专业合班授课，按照"内容就高、分类考核"的形式组织教学，兼顾优秀人才对知识的渴望和普通学生对知识的基本需求，辐射相近专业学生，提高教学质量。

（7）加强学生管理制度建设，建立了"全员、全程、全方位"的学生管理模式。建立学生综合素质评价体系和激励机制，通过课程实习、社团活动，开展野外生存训练和科考，培养学生吃苦耐劳和团结协作的精神，激发竞争意识，形成优良学风。

三、实践效果

（一）学生综合素质显著提高，拔尖创新人才脱颖而出

毕业生基础扎实、质量好、素质高。适应能力和学科拓展能力强，发展潜力大，能够从容应对升学、就业竞争。8 届毕业生的读研率达到 84.0%，分别在国内外一流大学和科研机构从事森林培育学、林木育种学、生态学、野生动植物保护、植物生理学、环境科学、动物学、细胞生物学和发育生物学等领域的研究，成为大林学、大农学、大生物、大生态等领域拔尖创新型人才的后备力量。

学生的科技创新能力不断提高。自 1999 年以来，共有 100 多人次在国内外各种科技创新和学科竞赛（包括"挑战杯"、"创业杯"、数学建模、物理、英语等）中获奖。其中，国际奖励 10 项，国家级奖励 60 项，省部级奖励 51 项。此外，学生还在学术刊物上发表论文 76 篇。

（二）课程、教材建设成效显著，促进了专业建设

经数年实践，林业拔尖创新型人才培养的课程体系日趋完善，专题课、名师讲堂、科研训练、创新学分等课程的实践效果良好，并形成了自己独有的特色。以培养创新能力为目标的教学方法和教学手段的改进与创新不断深入，逐渐形成了《林木育种学》等 5 门国家级精品课程、《土壤学》等 4 门省部级精品课程、《生态学》等 12 门校级精品课程。另外，有《林木遗传学基础》等 20 门课程教材被列入"十一五"国家级规划教材建设，《土壤侵蚀原理》等 6 门课程教材被列入北京市精品教材，《气象学》等 16 门课程教材被列入校级重点教材和新编教材。

课程、教材建设促进了专业建设，丰富了专业内涵，林学、水土保持与荒漠化防治、生物科学专业分别成为国家级、北京市特色专业建设点，为林业拔尖创新型人才的培养提供了强有力的支撑。

（三）推动了师资队伍成长，带动了学科建设

学生创新能力的培养，加大了本科教育的难度，督促教师奋发努力完善自我，推动了师资队伍的成长，成效显著，形成了一支由 2 名院士领衔，以 1 名"杰青"、2 名长江学者、3 名市级教学名师、7 名国家级突出贡献专家、14 名部级突出贡献专家为主体的高素质师资队伍。此外，林学专业、水土保持与荒漠化防治专业教学团队被列入国家级优秀教学团队，森林资源保护教学团队被列入校级优秀教学团队，保障了创新型人才培养的顺利实施。

由此引发拔尖创新型人才培养的实践、师资队伍的成长带动了学科建设，促进了学科交叉和融合，学科研究领域有了较大拓宽，丰富了学科建设的内涵，促进了一批新生长点的形成和发展。

（四）带动一系列教学改革，成果丰硕

本项目的实施带动了相关学院主持完成国家级、省市级和校级教改项目136个，其中国家级教学改革项目8项、省部级教学改革项目10项、校级教学研究项目118项，开展本项目涉及的教学内容和教学方法改革、教材建设、课程建设、专业建设、教学团队建设等工作，发表与项目研究有关的教学研究论文70余篇。

四、成果应用推广情况

（一）发挥示范辐射作用，促进校内教育改革

（1）毕业生基础扎实、创新意识强、综合素质好、培养质量高、深造、就业竞争力强，成为学校创新型人才培养的"样板田"，在社会上产生广泛影响。

（2）在全校范围"优中选优、滚动管理"，促进学校教风、学风建设。

（3）大类培养中专业平台课程实行与普通专业合班授课，按照"内容就高、分类考核"组织教学，兼顾优秀人才对知识的渴望和普通学生对知识的基本需求，发挥辐射作用，提高全校教学质量，促进学风建设。

（4）带动了校内相关应用学科专业的教学改革，提高了教学质量。

（二）研究成果在多所兄弟院校应用推广

此成果对我国高等教育改革有示范作用和借鉴、指导意义。先后有20余所学校来校学习取经，在兄弟院校中得到了推广应用，产生了十分良好的效果，受到同行鉴定专家的高度肯定。

五、创新与特色

本成果经鉴定认为在理论上有所创新，在实践上成效显著，具有鲜明的时代特点，形成了以创新思维能力培养为特色的林业拔尖创新型人才培养模式。其创新点为：

（一）理念创新

传承北京林业大学培养大师的经验，提出并实践了"大众化教育背景下拔尖创新型人才"培养的思路，构建了拔尖创新型人才培养体系，建立了"集传授知识、能力培养、启发思维于一体"的教育方法，将艰苦磨炼培养人生观与大师的学习方法融为一体，凝炼了"宽厚基础，张扬个性，明德至善，博学笃行"的全方位育人的教育理念。

（二）模式创新

以"因材施教、强化基础、拓宽口径、优化结构、重视实践、提高素质"为原则，坚持将优良的学术传统和最新的科研成果物化到课程教学中，构建了"一条主线、两个结合、三种教育、四大模块"的林业拔尖创新型人才培养模式。

（三）机制创新

根据拔尖创新人才培养和成长的特点，建立了"优中选优、大类培养、滚动管理"的竞争机制、"全员、全程、全方位"的教育管理机制和"教学就高、分类考核"等教学运行机制，形成了辐射全校学生的现代教学管理制度及适合拔尖创新人才培养的保障机制。

现代教育技术与教学方法改革研究与实践

2004 年北京市级教学成果一等奖
2004 年校级教学成果一等奖
主要完成人：周心澄、宋维明、冯铎、李颂华、张戎

一、现代教育技术的概念

研究背景：教育部下达课题之后，课题组按照研究技术路线的需要，划分为理论组、网络组、课件组、资源组、评估组、硬件组等 6 个小组，理论组首先启动，研究了涉及"教育技术学"若干理论问题，以使课题组全体取得共识，使工作统一到应用基础理论的框架下。

"教育技术学"1993 年才成为独立的学科，至今不过十年的历史，许多理论问题还在探讨之中，但在本课题的研究中，对一些基本概念必须有一个统一的认识。

教育技术：教育技术是关于学习过程与学习资源的设计、开发、利用、管理和评价的理论与实践。

学习资源：所谓学习资源，主要指信息资源；学习过程就是对信息资源的掌握与应用过程。

多媒体：从计算机技术的角度看，可将信息分成文本、图形、静态图像、动态图像、动画、声音等 6 类。而人们通常所称的多媒体是指能进行对文本、图形、图像、动画、声音等的传播和处理的系统。

多媒体计算机技术：就是研究如何表示、再现、储存、传递和处理文本、图形、静态图像、动态图像、动画、声音等信息的技术。

多媒体特征：①多媒体必须是由计算机控制的；②多媒体是集成化的；③多媒体的信息都是以数字化形式再现；④多媒体可提供交互作用方式。

现代教育技术：以计算机为中心，集成不同的数字化的多媒体信息，应用于学习过程与学习资源的设计、开发、利用、管理和评价的理论与实践。

二、项目的研究内容与技术路线

（一）项目的研究内容

（1）基于以计算机为基础的多媒体集成的"核心知识课程"CAI、CAD 课件开发的理论与实践。核心知识课程侧重于主题教学（thematic instruction）或称跨学科教学（inter disciplinary instruction），是对目前仅在单一课程或局部环节应用现代教育技术理念的突破。

（2）基于 Internet 的教育网络（校园网和教务处局域网）教学模式的结构研究与实践。基于 Internet 的教育网络环境的教学模式，可以最大限度地发挥学习者的主动性、积极性，既

可以进行个别化教学，又可以进行协作型教学，还可以将"个别化"与"协作型"二者结合起来，所以是一种全新的网络教学模式。

（3）基于校园网的教学辅助平台的建设与教学管理系统的研究与运行机制。采用基于 Internet 的远程教学，World Wide Web 被公认为是最强大的课程信息发布媒体。一个完整地支持基于 Web 教学的支撑平台应该由三个系统组成：网上课程开发系统、网上教学支持系统和网上教学管理系统，分别完成 Web 课程开发、Web 教学实施和 Web 教学管理的功能。

（4）基于校园网与教务处局域网的教学评估系统的研究与应用研究网络评估的方式、方法、结构及评估体系，建立终端(各院)/服务器(教务处)的评估模式。

（二）研究的技术路线

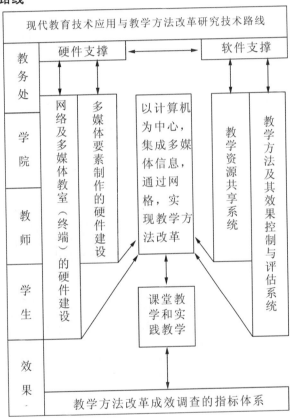

此技术路线的特点在于"互动性"：①教务处、学院、教师、学生"互动"；②突出了研究与实践的紧密结合，促进研究—改革—实践"互动"；③建立符合我校专业特点的指标体系，逐年进行效果调查。效果反馈于深入研究"互动"；④把与研究有关的硬件与软件结合成一个有机的整体，实现硬件的发展；不断提高软件制作水平，而高水准软件的制作又不断刺激硬件升级，形成"互动"。

三、现代教学技术的硬件研究与建设

硬件组按照软件建设需求，4 年来进行多次升级，新建多媒体教室 47 个，约占全部教室的 46%；建立了多媒体主控室，可以同时监控 21 个多媒体教室，进行全程录像，建立了监控中心，可以对教师的讲课情况向 15 个教室同步转播。此外视频制作可以达到 BETA-

CAM 广播级水准。

四、现代教学技术的软件研究与建设

（一）网络组开发的网上教学支持平台（NES）开发了具有 5 个层次，50 个模块的 NES 系统

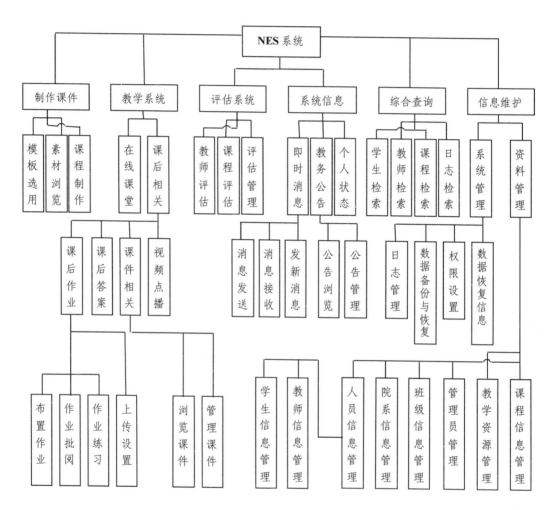

网络建设是本项研究与实践的基础，教育网络不同于一般的网络，从教学的角度出发，网络是实现"互动"和"构建"学习的关键。现代教学理论认为，知识不是由教师灌输的，而是由学习者在一定的情境下通过协作、讨论、交流、互相帮助（包括教师提供的指导与帮助），并借助必要的信息资源主动建构的。所以"情境创设"、"协商会话"和"信息提供"是建构学习环境的基本要素。

A. 制作网络课件

由于该模块与其它的模块相对独立，为了操作的方便性以及提高效率，该模块做成一个独立软件实现。

●模板选用　教师开始制作课件前，根据自己的教学需要，指定提供的模板，来指定生

成的课件样式

●素材浏览 教师在制作课件时需要浏览系统提供的素材信息，这里通过对素材进行归类，可以使教师方便地从数据库中检索到想要的素材资源

●课件制作 在指定的模板下，结合素材资源制作相应的课件，完成的课件的格式是 html

B. 教学系统

该模块是整个系统的核心，也是与用户交互最多的模块。

●在线课堂 是对现实课堂环境的虚拟，学生在该模块中可以通过多媒体和文本两种方式来接受知识，可以利用文本来实现跟教师的实时交互

●课后相关 该模块划分为：课后作业、课后答疑、课件相关、视频点播

●课后作业 虚拟课后的部分教学活动，用于老师与学生进行课后交流。包括：布置作业、作业批阅、作业练习、上传设置、课后答疑类似于目前流行的 BBS

●课件相关 用于给系统用户提供对已有课件的浏览和管理

●视频点播 该部分提供视频播放功能，在线收看

C. 评估系统

●教师评估 用于综合分析教师的教学情况

●课程评估 用于分析某一门课程开设的情况

●评估管理 这部分只有教务处才有这个权限

D. 系统信息

●即时消息 可分为：已发送信息、已接收信息和发送新信息

●教务公告 公告浏览和公告管理

●个人状态 主要包括用户登陆密码、用户登陆系统情况以及发文情况等

E. 综合查询

●学生检索 查看系统的学生资料信息

●教师检索 教师资料信息查询

●课程检索 用户指定需要检索的课程

●日志检索 查看自己使用该系统的情况

F. 信息维护

●系统管理和资料管理

（二）教学资源共享系统

1. 网络课程、CAI 软件及课件制作

网络课程还要考虑到教育信息的传播方式发生了改变，并由此而产生的教育理念、教育模式、教学方法等的极大变革。网络课程就是通过网络表现学科的教学内容及实施的教学活动的总和，它包括两个组成部分：按一定的教学目标、教学策略组织起来的教学内容和网络教学支撑环境。

课件组提交了国内外课件制作发展动态的报告，实现了我校课件制作由第一代通过网页给学习者提供教学材料，到第二代学习者可通过电子邮件、电子公告栏、网上练习和测试进行异步双向交流的飞跃；研究了我校林学、环境等专业特点（地域性广、周期性长、形象思维的重要性），举办 4 期课件制作培训班，强调知识核心课程（主题课程或跨学科课程）的课

件制作。4 年来制作一般课件 200 余门，主题课程课件 50 门，其中《土壤学》、《土壤侵蚀原理》、《园林植物学》、《荒漠化防治工程学》、《森林有害生物控制》被评为北京市精品课程。个别课程进入第三代，尝试通过网上交谈室、视频会议系统进行同步双向交流。

课件除传统多媒体要素外，结合专业特点引进如 3S 等技术并转化为视频素材予以应用。

通过本项研究，我们着重解决了网络课件制作在我校长期以来存在的问题：

A. 以教学内容为主，忽视学习环境设计。我们过去的网络课程仍只是强调"教"，强调知识的传授，一进入媒体就开始知识教学，而没有给予一定的情境导入，大部分的课程都是教学材料或教师讲稿的简单呈现。

B. 教学内容的表现形式单一。大部分网页都以静态方式展现，其组织方式也是线性的，更新频率也不够快。教学内容的呈现有三种方式：文本和静态图像，相当于书本的搬家；POWPEROINT 讲稿，相当于讲稿搬家；单纯的录像，相当于课堂授课的搬家。

C. 现代教学技术平台导航系统较差。没有建立帮助学生了解学习该课程所需要的知识水平、自己的知识层次、学习进度和学习方法的系统；一门课程的组织是线性的，不是层次状或网状的，也不支持学习单元之间的查询、检索功能，学习单元之间的切换只能靠前进、后退或从头开始实现，不便于跳跃性学习；学习者只能靠记忆来确定自己的学习位置，不能记录学习者的学习路径、学习心得等等。

2. 网络教学资源

资源组结合我校专业设置为 NES 系统收集、组装、链接了丰富的学习资源，包括文本、图形、图像、动画和声音等等。收集、引进校外教材 100 余种，300 学时课程内容；组装了数千份涉及《植物学》、《土壤学》、《树木学》、《昆虫学》、《景观生态学》等基础学科的图形图像素材；链接了学术期刊全文和文摘数据库、Apabi 电子图书、PQDD(B)博硕士论文数据库、Agricola Plus Text 农业全文数据库等。

（三）教学质量监控与评价系统

现代教育技术不能脱离"育人"的教学目标。教学改革能否丰富教学环境和教学资源，使学习活动更加自主化、个性化，使教育的适应性得以加强，使教学质量得以提高，才是本项研究的宗旨和归宿。为此，评估小组在项目启动之初，就制定了教学质量监控与评价系统并予以应用，4 年来进行了 8 次教学质量评价并向课题组提交了评估报告。

通过现代教育技术，教师和同学们都感到，"教"与"学"都在学习"学会学习、学会思考、学会实践、学会合作、学会创新"。

现代教学技术与传统教学方法效果调查统计表

序号	类别	现代教学技术与传统教学相结合			传统教学方法		
1	学习效率	高	中	低	高	中	低
		47	3	0	23	20	7
2	涉及知识面	宽泛	一般	狭窄	宽泛	一般	狭窄
		45	5	0	24	20	6
3	获取信息量	大	中	小	大	中	小
		47	3	0	25	15	10

序号	类别	现代教学技术与传统教学相结合			传统教学方法		
4	学习兴趣	高	一般	低	高	一般	低
		43	7	0	30	18	2
5	接受知识难易程度	易	一般	难	易	一般	难
		33	12	5	30	18	2
6	创新性	好	一般	差	好	一般	差
		42	6	2	14	34	2
7	学习积极性	高	一般	低	高	一般	低
		48	2	0	26	23	1
8	课堂趣味性	高	一般	低	高	一般	低
		35	15	0	15	30	5
9	与教师互动性	积极	一般	不积极	积极	一般	不积极
		25	20	5	20	25	5
10	保持集中精力学习的时间	>15分钟	5～15分钟	<5分钟	>15分钟	5～15分钟	<5分钟
		30	20	0	15	30	5

课题组深刻感到现代教育技术的成效不仅仅反映在指标的统计数据上，更重要的是：

（1）教师的教育理念不断更新。教师的教育理念，即教师对教育事业的情感（责任心）和对教育的认识（教育观念）是教师综合素质中首当其冲的问题。本项研究的最重要的收获在于促进了教师教育理念的不断更新。

正像一位教师在一篇文章中说的"教师们精心地创建自己的网络课程计划，不知疲倦地在互联网上邀游，真切地感受现代教育技术给当代教育带来的挑战以及来自'英特尔——未来教育'新理念的强大冲击波。"

（2）学生的学习理念发生转变。现代教育技术学本身就给学生一种高科技的激励，实现这种技术不仅仅需要扎实的专业基础理论和技术知识，还需要自然、人文与艺术多学科的高度结合，涉及到计算机软、硬件的多个领域，学生在接受教育的同时，深刻感受到高科技的魅力，激发了创造的潜能。

现代教育技术极大地开拓了学生的视野，我校的很多学科是国家级重点学科，与五大洲几十个国家建立有协作关系，教师们在国外采集的信息在网上发布，使学生了解学科国内外的发展动态，对激励他们树立攀登科学顶峰产生了极大的作用。

现代教育技术的开放性对单一专业形成冲击，理论型的、思变型的、学术型的、设计型的、应用型的、经营型的、管理型的等各专业的学生都能够通过网络依据自己的个性进行交叉的，跨学科的学习，充分发挥自己的个性，而个性才是创造的基础。

五、提交的成果

（一）网络教学支持平台的设计与运行

由5个层次50模块构成主要包括：制作课件、教学系统、评估系统、系统信息、综合查询和信息维护。

（二）教务处局域网教学支持平台的设计与运行

包括教学评估、教学计划、分属查询、精品课程、讲义下载等内容。

（三）建设了网络课程硬件支持系统

包括多媒体采集、制作、回放、监控、交流体系、网络建设、维护、管理体系等。

（四）研究论文成果丰硕

课题组下设的 6 个研究组撰写专题论文十余篇，结合学校教学改革成果，主编出版了《高校教学改革探索实践》一书，收集论文 80 多篇，并根据自己承担的任务写出动态综述、研究报告、实践成效评价等报告。

（五）网络课件制作

制作网络课件 200 余件，上网主题网络课件 50 余项，讲义 200 多种，其中五门网络课程被评为北京市精品课程。

（六）教育技术理论培训

对全体教师和教辅人员进行教育技术理论和现代化教学手段的培训。被培训人员达 1500 人次。培训内容包括：教学设计与网络课程的设计、计算机多媒体课件制作工具软件、网络知识等。

（七）网站点击率 220 万人次

六、研究创新点

（1）从教学手段扩展为新的教育环境，并引发教学模式的转变；从教学手段扩展为教育资源，并引起课程与教材模式的转变，打破了以往把教育技术视同为教学手段改革的理念

（2）针对我校专业特点，该项研究使学习突破了传统的时空观，不仅仅采用一般意义的文本、图形、图像、动画、声音信息，还与时俱进不断引入高科技信息，如 3S 技术在多媒体教学中的应用

（3）纠正过去讲稿搬家式的课件制作，改革单一课程为知识核心课程（主题课程或跨学科课程）的 CAI 课件制作。

（4）打破了以往硬件与软件相互独立，分离研究的模式，在研究的过程中始终把硬件与软件置于一个互动的系统，构建了一个软硬件协调发展，功能完善的现代教育技术平台。

面向21世纪高等林业院校经济管理类本科人才培养方案及教学内容和课程体系改革的研究与实践

2001 年北京市级教学成果二等奖
主要完成人：任恒祺、蒋敏元、张大红、温亚利、王永清

为了适应 21 世纪林业和社会经济发展的需要，深入了解我国林业经济管理学科的发展状况，推进高等林业院校经济管理本科人才培养方案、教学体系和课程体系改革，北京林业大学经管学院及其他林业高校经济管理专业主要人士在国家教委的领导下开展了专项课题研究，并形成了一套完整的指导方案，对促进我国林业经济管理学科发展和人才培养发挥了重要作用。

一、明确了21世纪高等林业院校经济管理类本科人才培养的问题和需求

当前，我国林业经济管理学科存在着较多问题，而新世纪我国林业发展又将迎来新的阶段。认清两者之间的差距和矛盾，是促进林业经济管理学科发展的基本前提。

（一）明确了面临的问题

从目前角度讲，林业经济管理专业的现状落后于实际要求，主要表现为：

第一，缺乏明确的培养目标。我国高等林业院校经济管理类专业一直以来对培养什么人才比较模糊，长此以往，必将造成毕业生的严重积压，专业难以为继的困难局面。

第二，培养方式落后。一直采取的课堂灌输式、以知识获取为主的培养模式，长期忽视了经济管理类专业高能力的要求。

第三，教学内容平面交叉，部分内容陈旧。目前，仍有不少课程的教学内容陈旧、落后，且课程间简单重复的问题始终没有得到很好的解决。

第四，教学方法有待改善。教师教学大多采取简单讲授的方法，实践性教学环境也流于形式。教师对自己所任课程没有进行精心的设计和安排。

第五，教学机制落后。虽然学校调用了各种手段激励教学，但从根本上讲，不能解决教师教学精力的投入和学生积极性、主动性提高问题。

（二）确定了21世纪的需求

21 世纪是一个由资源经济转向知识经济的时代，经济发展的推动力将由主要地取决资源转向为主要地取决于高科技人才，经济管理的重点将由对资源的管理利用转向为对人才的开发和利用。与之相应的教育业越来越重视人们素质的提高和能力的培养。我国教育部明确指出了教育应由传统的应试型向素质型转变，这是我国高校各专业改革的基本方向之一。

二、全面分析了 21 世纪林业经济管理科技发展及对本科人才培养的要求

（一）林业经济科技发展及林业经济管理学科发展

林业经济科技发展在林业发展中具有越来越重要的作用，21 世纪林业的发展依赖于林业科技的成就和发展趋势，林业经济管理学科也将对林业的发展起到决定性的支撑作用。

第一，林业经济科技发展。可持续发展已经成为 21 世纪发展林业科技的指导思想，进入 21 世纪以来，各国要求加大集约化经营的力度，林业科技的重点转向人工林集约经营技术。森林资源保护也向提高森林生态系统功能，加强人工促进森林资源保健、发挥森林和各种措施的综合利用、提高对灾害持续控制能力的方向发展。木材向优化利用和高效利用的方向发展，林业机械化向全盘化、轻便、灵活、高效和系列化的方向发展。林业科技的发展要求林业经济管理人才必须注意和掌握这种动向，并能应用到林业经济管理过程中。

第二，林业经济管理学科发展。21 世纪的中国林业经济管理专业，从办学体制上形成国家、地方、企业、个人及国内外社会各界联合办学的多元办学模式。专业人才培养方向更加主要地转向社会需求。从空间布局上，将体现全国林业经济管理专业点分布于各地自然地理、社会经济及科学技术相适应的地缘特征而各具专业特色和优势方向；从学科基础方面讲，已完全建立起了与社会主义市场经济相适应的动态发展的中国林业经济管理理论和学科体系。

学科内容将由产业经济管理主体转向生态经济管理主体；从教育体制上实行学分制，教师实行竞岗聘任制；从教学方法上，不同的课程在教学方式的多样化方面更为丰富多彩；从课程体系方面，呈现规范化课程与非规范化课程，显性课程与潜化交互课程，知识类课程、能力类课程、综合类课程并存的格局；采取导师制，修业年限将有较大弹性；专业界限淡化，入学之时只有大科类要求，毕业时依据学生意愿和修业情况，发给相应专业学位证书。

（二）对本科人才的要求

林业经济管理的专门人才应是一种综合性和复合型人才，既要有较高的思想道德素质，又要有懂技术、善经营、会管理的业务素质，既要有经济管理的知识，又要有林学和相关学科的知识，同时还要有分析问题和解决问题的能力。具体可以分为五个方面：对思想道德素质的要求；对业务素质的要求；对知识结构的要求；对各方面能力的要求；对体魄的要求。

三、科学预测了 21 世纪我国林业经济管理类本科人才的需求

（一）林业经济管理类专业本科人才现状问题分析

通过对我国林业系统林业经济管理类专业本科人才的专业结构、职称结构和年龄结构的统计分析，课题组发现存在着以下问题：

第一，数量不足。该类人才只占专门人才的 1.45%，占林业系统职工总数的 0.19%，不能适应我国林业生态环境建设、林业经济和林业科技发展的要求。

第二，专业结构不合理。林业经济、企业管理方面的本科人才流失严重，难以满足我国林业建设和经济发展的需要。

第三，年龄结构不合理。年龄偏高问题非常严重，至 2010 年有一半左右的经济管理类本科人才相继退出专门人才队伍。

第四，高级经济管理类本科人才匮乏。具有高级职称的经济管理人员仅占林业经济管理

本科人数的 3.45%，缺少技术上和学术上的带头人。

第五，人才不合理流动严重。林业系统类专门人才流失严重，并且还存在着对人才使用的不合理现象。

（二）科学预测了未来林业经济管理人才需求

根据预测，2000 年、2005 年和 2010 年林业系统（不含林业教育系统）中经济管理类本科人才数量分别为 10182 人、21243 人和 23184 人，经济管理类本科人才占专门人才比重分别为 1.9%、3% 和 3%。可以看出，2005～2010 年经济管理类本科人才所占比重可能偏低，但职工总数预测增减变动的影响可能冲减这种影响。总的来说，对经济管理类本科人才需求量是比较高的，对林业高等院校经济管理类专业提出了挑战。

四、确定了改革的步骤和专业规范

（一）改革的基本步骤

我国林业经济管理专业的发展，随着社会进步不断改革和发展，大致可以分为以下几个基本步骤，即改革教学计划、改革充实教学环节、教学内容和教学方法、改革教育教学资源特别是教师的组织机制等。

首先，制定教学计划。教学计划是联系专业教育教学思想与人才培养的纽带，这部分改革有四个着眼点：按"共同基础 + 方向模块"的模式构建课程体系；增加实践性教学环节；不同地区、不同院校的专业教学计划应有差别。

其次，改革教学环节、教学内容和教学方法。突出素质教育和能力教育为主的要求。教学内容必须紧紧围绕时代的要求，反映其发展趋向；教学内容机构的改革由知识型向能力素质型转变。

最后，改革教育教学体制。我国林业经济管理专业的教育教学体制的目标模式为多元化办学、学分制、教师竞岗聘任制，其基本点是市场机制的作用。

（二）明确了专业规范

第一，专业基本规格。专业名称为林业经济管理。目标是培养具备系统的管理科学和经济科学的基础理论和相关的林业科学基础知识，掌握林业经济管理的基本方法和技能，能在各类林业工商企业、教育科研单位和各级政府部门工作的人才。授予管理学学士学位。

第二，专业基本教学条件。专业基本教学条件包括多个方面，主要有办学经费、物质条件、师资力量、教材、图书资料、校内经济管理实验室、校外实习基地等方面。

第三，基本教学要求。业务培养要求本专业学生主要学习管理科学和经济科学的基本理论和相关的林业科学基本知识，受到调查、策划等方面的基本训练，掌握企业管理、政策研究等方面的基本技能。除此之外，还会安排 20 周左右的实践性教学环节。

五、科学地确定了林业经济管理本科的方向及人才培养方案和模式

（一）科学确定了专业方向

第一，林业经济专业方向。该方向是林业经济管理学科的基础，担负着系统地研究林业生产经营一般规律、林业经济发展的主要问题及各种经济关系的任务。

第二，林业企业管理专业方向。该方向是林业经济管理学科的主要组成部分，担负着林业企业微观管理理论及方法，以及林业从生产到流通领域各种规律和问题的研究任务。

第三，林业政策专业方向。该方向是林业经济管理学科的重要组成部分，以各类森林资源、生态和环境政策及政策管理的理论与方法为核心，是本学科最具实践性的子学科。

第四，生态与环境专业方向。是本学科新的交叉学科分支，以森林生态环境价值、生态与环境资源的配置与变化的理论及方法的研究为核心，是本学科最具发展潜力的子学科。

第五，社会林业方向。是本学科与社会科学广泛交叉而产生的学科，也是一个在实践中产生和发展的新兴学科。

（二）完善了人才培养方案及模式

第一，林业经济管理人才培育标准。

具体而言，包括三个层面：①基本素质，具有现代经济管理意识和林业观念，善于独立学习、系统思考和工作；②知识结构，有较系统的林学、经济学、管理学知识，了解中国和世界林业发展趋势，并对相关理论、方法及实践问题有较深入的了解；③业务能力，能够独立解决科研、教学和生产实践中的各类问题，可以担当林业各层次管理工作。

第二，林业经济管理专业人才培育的基本模式。

我国的林业经济管理人才培养模式应有以下几个方面的特点：①人才规格。对现代经济管理问题有较强的分析能力，熟练掌握现代经济管理工作的手段。②人才的培养过程。通过多种教学方法和手段，向学生传授知识，并以提高人才的素质为最基本的目标。③人才培养的方式方法。统筹安排知识结构、教学环节和现代教学手段；加强实践环节；重视提高课堂教学的质量。④学制和学时学分分布。学年学分制逐步向学分制过渡；增加专业基础课和专业课的学分值，给学生更多的时间自由学习。

六、深入研究了实践教学环节与教学方法和手段

二十一世纪的林业发展对人才培养提出了更新、更高的要求，包括：可持续发展中的林业经营持续化；社会主义市场经济中产业的市场化；重视生态环境改善的部门效益多样化；现代林业建设中的生产技术及经营管理现代化。在人才培养模式的构建中，必须深入研究全面的教学手段和教学环节。

（一）研究探索了教学环节的优化

在高等林业院校经济管理本科人才培育中，实践教学环节的建设主要包括实验室和实习基地建设。实验室和实习基地建设方案应当遵循的基本原则包括：先进性原则；现实性原则；开放性原则；相关稳定性原则。

实验室和实习基地建设的基本框架由两方面构成。其一，是实验室建设，主要包括：模拟实验室；信息交流中心；案例教学实验室；情报资料室；信息分析处理室；多媒体教室。其二，是实习基地建设，包括校内实习基地和校外实习基地，其中校外实习基地又分为综合性实习基地和单科性实习基地。

（二）尝试引入现代教学方法和手段

根据21世纪林业经济管理人才的素质要求，传统单一的讲授教学方法已经不能适应21世纪林业经济管理人才培养的需要。21世纪林业经济管理专业教学方法应当多样化。应当选择的基本教学方法主要有：讲授教学法、自学教学法、问题教学法、案例教学法和大信息量化教学法等。

首先，要求学生有宽厚、扎实的基础理论和基础知识，包括林学、经济学和管理学。这

些知识的学习大多在低年级完成，应当使用讲授教学方法。

其次，要求学生具有经济管理本科专业的知识结构和水平。这一时期的课程体系以专业及相关课程为主，应当采取自学教学法和大信息量化教学法相结合的方法。

再次，要求林业经济管理本科生要有明显的专业特征。这一要求主要是培养学生分析和解决林业经济管理问题的能力，应当辅以问题教学法和案例教学法为主。

此外，还应当注重以电化教学和计算机辅助教学为重点教学手段的硬件建设，以及以完善教学管理制度为重点的教学手段软件建设。

七、课题成果对 21 世纪中国林业经济管理专业发展的贡献

在世纪之交的关键时期，通过广泛研究和探讨，认真总结我国林业经济管理学科的特点和社会经济背景，对我国高等林业院校经济管理学科的本科人才培养方案和课程体系进行系统梳理和改革研究，具有重要意义。

（一）对本科教学及人才培养的指导

课题成果对林业经济管理学科的培养方案、教学方法、社会实践等多方面的研究，制订了相关的具体操作方案，为有效开展本科教学和培养高素质林业经济管理复合人才提供了指导。该研究的前瞻性教学理念和教学方法，对促进我国林业经济管理领域的人才培养，具有十分深远的意义

（二）对相关院校本科教育发展的指导

本课题以北京林业大学为主体，各林业院校广泛参与，制定的人才培养方案及教学内容和课程体系成为各林业院校开展经济管理教学和专业人才培养的基本依据，对我国整体林业经济管理专业的教学安排产生了广泛影响。

（三）促进了林业经济管理学科发展

在此课题研究成果的指引下，我国林业经济管理学科发展迅速。北京林业大学林业经济系已经发展成为拥有 1 个一级学科、2 个二级学科博士点、1 个博士后流动站和农业推广硕士点专业特色鲜明的院系。林业经济管理教学团队成为北京市优秀教学团队，林业经济管理学科成为 211 工程的一期、二期、三期工程建设学科，曾获得 2 次省部级教学优秀成果奖。目前，林业经济管理还成为国家重点培育学科。

森林文化与森林美学课程建设

2001 年北京市级教学成果二等奖
主要完成人：郑小贤

一、项目概况

森林文化是指人对森林(自然)的敬畏、崇拜与认识，是建立在对森林各种恩惠表示感谢的朴素感情基础上的反映人与森林关系的文化现象。其内容包括技术领域与艺术领域的森林文化两大部分。

技术领域森林文化是指合理利用森林而形成的文化现象。如森林利用习惯，还包括各地在传统风土习俗中形成的森林观和林学中的回归自然等适应自然的思想。

艺术领域森林文化是指反映人对森林的情感、感性的具体作品，如以森林为背景的诗歌、绘画、雕刻、建筑、音乐、文学等艺术作品。其中包括森林美学的内容。

创造美需要技术，技术需要有支持它的理论，这就是文化。因此，森林经营的一半是技术，一半是艺术。艺术就是追求美，现有森林既是自然地理的产物，也是森林文化的产物。

为培养复合型人才，在林业院校开设"森林文化与森林美学"课程，使学生了解有关森林文化与森林美学知识，从哲学和文化更深层次去思考理解林业建设，增强了学生的森林意识，受到林业院校好评。

二、项目基本内容

建国以来，特别是改革开放以来，我国的高等林业教育无论在适应社会变化、经济发展等方面，还是在发展和促进林业生产和科技文化教育方面都取得了辉煌的成绩。但我们必须清醒地认识到，目前我国高等林业教育仍存在众多弊端。如课程知识面偏窄、知识结构不合理、过分强调文理分科和重理工轻人文等。为克服这些弊端，在林业院校理科教育中增加有关林业文化知识课程就是很好的措施之一。1998 年起在北京林业大学本科教育课程体系中增设"森林文化与森林美学"课程，受到学生欢迎和其他林业院校好评。

1. 开设"森林文化与森林美学"课程的意义

由于长期以来我国高等教育条块分割，单科性院校较多，致使不少理科大学人文教育基础弱，是造成大学生文化素质低下的主要原因之一。在相当长的一段时间里，高等林业院校一直强调专才教育，重视自然科学知识的传授和专业技能的训练，忽视综合素质教育。另外，长期以来我国中小学实行的应试教育和中学阶段过早的文理分科，造成大学生的先天素质缺陷，而大学的专才教育又进一步削弱了大学生的人文基础。近几年，在市场大潮的影响下，林业院校专业开设纷纷向适应短期市场需求的方向靠拢，其结果是使大学生缺乏应有的人文基本知识和社会责任感。因此，全面提高高等林业院校理科大学生的人文社会科学等方面的基础知识已成为迫在眉睫的任务。

林业教育要转变观念，摆脱传统侧重于自然技术科学的束缚，有必要从人文社会科学层次研究森林资源与文化、美学的关系。从文化和美学层次系统总结人类在长期森林资源经营管理中积累的智慧和经验，重新认识和协调人与森林的关系，探讨森林资源的文化和美学价值以及如何在森林资源经营管理中注入有效的文化与美学因素的方法与技术，开展文化与美学层次的森林资源经营管理。

通过"森林文化与森林美学"课程的学习，使学生能更全面接受林业教育，开阔思路，增加兴趣，了解单凭科学技术解决不了的人类面临的环境与资源问题，人文科学将起到关键性作用。森林资源经营管理的一半是技术，另一半是艺术。

2. "森林文化与森林美学"课程的基本内容

(1)森林与文化。森林与文化的关系，东西方文化与森林，森林文化的内涵、性质、森林文化教学目的及在林学中的地位。

(2)森林与文明。森林与文明的关系，文明的进步与森林的兴衰，古巴比伦文明与森林，古希腊文明与森林，中华文明与森林。

(3)森林文化史。森林文化史的内容及其意义，森林文化的创造，德国森林文化史，日本森林文化史，中国森林文化史。

(4)森林文化与森林经营管理。森林资源的文化价值，文化层次的森林资源经营管理，森林资源经营管理中的文化因素与作用。

(5)森林美学。森林美学的内涵、由来及其发展，森林美及其构成，森林审美感受与欣赏，森林经营管理与森林美。

三、项目创新点

(1)"森林文化"和"森林美学"是德国、日本等林业发达国家的林学教育体系中的主要课程，国内林业院校不开设这样课程，也缺乏教材和教师。本人首先在北京林业大学开设"森林文化与森林美学"课程，编写该课程教材，摸索教学建设与教学改革。

(2)传统的森林经营侧重于自然科学。可持续理论的提出，要求我们转变观念，综合社会科学去研究和实践林业可持续发展。开展文化与美学层次的森林经营管理的意义在于：①继承和发展传统文化遗产，发挥文化在可持续发展中的作用；②唤起全社会的森林与环境意识，正确认识人与森林的关系，保护和发展森林。

森林文化与森林美学是落实森林可持续经营的具体措施，是联结与森林经营有关的哲学、文化、社会、生态等要素最合适的关键词。

(3)将森林文化与森林美学纳入森林经营系统时，必须对森林文化与森林美学进行梳理。它的真正价值在于哲学思想和某些知识要素，而不是它的全部。我们要做的是将这些思想和要素与现代技术和经营目标相结合。

四、项目应用情况

(1)在报刊杂志上发表有关森林文化与森林美学的文章后，已有各地林业院校20多人来信，进一步索要资料和教材，已向上级主管部门建议举办"森林文化与森林美学"课程教师培训班。

（2）受到本科大学生欢迎，不仅林学专业学生，其他专业如园林、艺术设计、林业经济、森林工业、生物、计算机等全校各专业学生也踊跃来听课。

（3）1998 年 8 月在河北省承德市林业局举办的林业干部培训班，1999 年 7 月在黑龙江林业厅举办的"森林可持续经营"培训班、2000 年在国家林业局国营林场培训班等各种形式培训班、学习班上讲"森林文化与森林美学"受到学员好评，学员反映大受启发。

（4）2003 年在国务院组织、国家林业局主持的《中国可持续发展林业战略研究》报告中肯定了森林文化研究与实践的作用，并把森林文化作为今后林业建设的重点和发展的主要方向。2007 年国家林业局提出现代林业体系建设，把森林文化建设作为现代林业 3 个体系之一。

高等农林院校本科经济管理系列课程教学内容和课程体系改革与实践研究

2004 年北京市级教学成果二等奖

2004 年校级教学成果一等奖

主要完成人：邱俊齐、高岚、王洪谟、史建民、王凯

教学内容、课程体系及其教学方法与手段的改革，是高等教育教学改革的核心，是一项综合性、系统性极强，且涉及面很广的改革，其本质是人才培养模式的改革。因此，从理论和实践上研究此方面的问题，对于我国高等教育的健康发展有着重要的理论和现实意义。

根据我国 21 世纪社会、经济、科技发展和人的个性发展的需要，结合高等农林院校本科教育的要求，本课题组经过四年多的国内外调查，从高等农林教育发展趋势、改革现状分析、改革目标探讨、改革内容设计和改革措施匹配等诸方面进行了深入地研究，并在理论研究的基础上进行了实践性的探讨，经过近几年的实践取得了很好的效果。

一、背景研究

教育是经济发展的产物，是促进经济发展的强大因素。教育应该具有超前性。因此，研究面向 21 世纪农业经济、农村社会及农林科技发展，农林本科人才应具备哪些经济管理素质、知识和能力，这是进行高等农林院校教学内容和课程体系改革的基础。

21 世纪社会、经济与技术的发展以及 21 世纪农业经济、农村社会及农林科技发展，对农林本科人才的素质结构和素质内涵提出了新的要求。首先，21 世纪是一个开放的社会，社会经济现象错综复杂，千变万化，以往的干部与工人、城市居民与农民的社会身份差别愈来愈趋淡化，人们的就业岗位也越难以从一而终；其次，21 世纪是一个竞争的社会，资源配置，包括人们的工作岗位不再是为国家计划所安排，而是由市场机制发挥主体性作用，人才和人们的工作最终都将接受市场的检验；再次，21 世纪是一个创新的社会，多少年"一贯制"的思维走势和做法将最终退出历史舞台，唯有创新才能为社会所接受和欢迎。总之，开放性和竞争性使得农林本科人才未来的"社会角色"变得不确定性，从而必然增加结果的多样性和多层次性。所有这些都决定着农林本科人才不仅要有新的素质结构，而且更要有新的素质涵养。一方面 2＋1 的素质结构，即政治思想素质、身体素质＋专业业务素质的结构应变为 3＋1 的素质结构，即政治思想素质、人文素质、身心素质＋专业业务素质；另一方面，在专业业务素质中，应改变专业技术素质一元化构局，变为专业技术素质＋相应经济管理素质的二元结构。

适应 21 世纪农业经济、农村社会及农林科技发展的需要，从业务素质、知识与能力的

角度来说，农林本科人才当然需要具备专业技术素质、知识与能力，因为这是农林本科人才业务素质的主体，同时也应具备相应的经济管理素质、知识与能力。相应的经济管理素质、知识与能力，不仅是农林本科人才业务素质、知识与能力的一个不可或缺的组成部分，而且在市经济条件下也越来越成为农林本科人才发挥其专业技术特长的一个必不可少的条件。

综上所述，根据21世纪农业经济、农村社会及农林科技发展的需要，农林本科人才应具备经济管理素质、知识与能力。具体来说：①21世纪农业经济、农村社会及农林科技发展，要求农林本科人才应了解和掌握市场经济基本理论和基础知识以及市场经济法规和政策；②21世纪农业经济、农村社会及农林科技发展，要求农林本科人才应学习和掌握经济管理一般理论和技能，具有市场观念、法制观念、效益观念和可持续发展观念，能够选择和把握经济增长方式，通晓经营决策和方法以及一般管理规程。③21世纪农业经济、农村社会及农林科技发展，要求农林本科人才应具有专业技术经济分析素质、知识和能力。总之，专业教育是高等教育的内在规定性之一，除去专业教育的特点，高等教育就不成为高等教育。因此，专业（业务）素质是本科生的必要素质，是立身之本，是他们为社会服务的具体本领。专业（业务）素质不仅涵盖扎实的学科基础知识和专业研究、应用、开拓的能力，而且也包括专业经济管理能力。关于专业经济管理能力，这是以往我们对农林本科人才培养的弱项，我们过分强调专业技术能力的培养而甚少关心他们经济管理能力的提高。事实上，我们对本科人才的要求并不止于专业技术能力，他们实际承担的工作都含有专业经济管理的内容，农林本科人才面对的工作绝非只是解决纯技术问题，他们所从事的工作早已超出了个体劳动的时代，表现了强烈的群体合作的特点，无不涉及到规划、组织、环境、人员、机制、时间、效率等问题，因此，对农林本科人才进行经济管理能力的培养，已成为专业培养的题中应有之义。另一方面，专业经济管理素质与人文素质是两个不同的范畴。加强人文素质教育已成为一种共识，这是教育本质的必然要求。人文素质教育主要涵盖以下三个方面的内容：一是具有丰富的人文科学知识，包括文、史、哲、艺术、科技史、伦理学等方面的知识；二是对人类对民族命运的关注和责任意识；三是高尚的人格素养和健康的心理，它与上述经济管理素质不存在交叉问题。

二、改革现状分析

（一）国外高等农林院校本科经济管理系列课程现状

通过课题组对美国、日本、加拿大、奥地利等国家的数所综合大学和农业大学的调查研究，可以看出，与我国高等教育强调专业人才培养不同，国外高等教育基本实施的是通才教育。大学本科教育包括理工科大学本科教育，均将人文科学、社会科学与自然科学三个门类置于同等重要的地位，所修科目门数及学分相同或者大体相当。国外高等农林院校本科非经济管理类专业在经济管理类课程设置上，呈现以下特点：

（1）门数多。纵观各国高等农林院校本科经济管理系列课程的设置，所涉及的课程门数在20门以上。

（2）学分多。国外大多数高等农林本科非经济管理类专业的学生所修的经济管理类课程在15学分左右，所修经济管理类课程学分占学分总数的比重一般在10%~20%之间，个别的高达25%。

（3）系列化。国外高等农林院校本科非经济管理类专业学生所修的经济管理类课程一般在 5 门左右，均构成一个较为完整的经济管理课程系列。经济管理系列课程的结构模式一般为：经济学原理类课程＋政策与法律类课程＋经济管理类课程，另外还选修部分经济、管理技能、市场营销等课程。

（4）各具特色。国外高等农林院校本科经济管理系列课程并没有一个普遍遵守的具体课程组合模式，而是各具特色。

（二）我国高等农林院校本科经济管理系列课程现状分析

建国以来，我国高等农林院校本科经济管理系列课程经历了移植—调整—取消—恢复—趋于加强的历史过程。改革开放以来，虽然我国高等农林院校本科经济管理系列课程得到了恢复和加强，但经济管理系列课程的地位问题并没有得到根本解决。

从对我国高等农林院校本科经济管理系列课程教学内容和课程体系问题的实际调查分析看，面向 21 世纪农业经济、农村社会及农林科技发展，参照国外做法，我国高等农林院校本科经济管理系列课程教学内容和课程体系主要存在以下问题：①经济管理系列课程地位的不确定性。由于长期以来过分强调人才培养的专业性，试图把本科学生也都培养成为本专业领域里的技术专家，因此过分强调专业技术素质的培养。虽然近几年增加了对学生经济管理方面的素质、知识与能力的培养，但并没有真正把经济管理素质、知识与能力看作是高等农林院校本科人才专业业务素质、知识与能力的一个重要组成部分和发挥其专业技术特长的必要条件，而设置的一些经济管理类课程往往看作是一种点缀，起装点门面的作用，从而使得经济管理系列课程的设置有很大的随意性，没有严格规范。②经济管理类课程体系残缺或者说还构不成经济管理系列课程，不但课程门数少，而且课程内容之间缺乏内在联系，形不成必要的系列。③经济管理类课程学时比例偏低，一般仅占专业教学计划总时数的 5% 左右，个别的仅占 2%。④经济管理系列课程教学内容陈旧和缺乏针对性。高等农林院校本科经济管理系列课程的内容反映学科发展不够，滞后于社会实践，而且一般是经济管理类专业同一课程的简单浓缩，不能与专业紧密结合。⑤经济管理系列课程教学手段落后，教学方法呆板，使得有限的经济管理类课程学时不能产生理想的效益。

三、课程设置方案

（一）改革高等农林院校本科经济管理系列课程教学内容和课程体系的指导思想

（1）进行高等农林院校本科经济管理系列课程改革，应以面向 21 世纪农业经济、农村社会及农林科技发展对高等农林院校本科人才经济管理素质、知识与能力的要求为依据，从提高和拓展农林本科人才经济管理素质、知识与能力出发，既要使各专业类群经济管理类课程具有综合性、通用性，又要体现各专业类群的特点。所设课程的内容既要具有系统性，又要体现层次性，同时应使经济管理类各门课程学时之间的比例合理、经济管理类课程学时与各个专业类群其他课程学时之间的比例合理。

（2）从完善、充实高等农林院校本科人才素质结构和素质内涵出发，经济管理系列课程教学内容改革要体现"科学性"、"系统性"、"实用性"、"少而精"的原则。及时吸收学科发展最新成果，删除那些脱离实际、陈旧过时的内容，处理好先修课与后续课之间的关系，解决好各门课之间内容交叉、重复与脱节的问题。同时要增强经济管理类课程教学内容对不同专业类群的针对性和实用性，并使教学内容在广度和深度上比较适中，在实现经济管理系列课程自身整体优化的同时，也使经济管理类课程与其他课程实现更高层次的整体优化。

（二）高等农林院校本科经济管理系列课程设置方案

根据上述改革的指导思想，在深入调查研究的基础上，对高等农林院校本科经济管理系列课程设置和教学内容的改革、研究提出了三个建议方案。其方案的基本特点是：将经济管理课程分为三个层次，第一层次为经济管理理论课程，即《经济学基础》、《管理学基础》作为必修课程或选其中的一门作为必修课程，另一门作为选修课程；第二层次为经济管理的一般技能课，如《经济核算基础》、《市场营销学》、《技术经济学》和《经济政策与法规》等；第三层次为经济管理专题，如《农林经济管理专题》、《环境经济专题》和《生态经济专题》等，其中第二、三层次可分别选修 1～2 门课程，并记学分。

方案一，将第一层次的《经济学基础》、《管理学基础》作为必修课，加上第二、三层次的 2～3 门课程作为选修课，并计学分。见表 1。

表 1　改革方案一

课程名称	课程类别	适用专业	学时
经济学基础	必修课	各专业类群	40
管理学基础	必修课	各专业类群	40
经济政策与法规	选修课	各专业类群	40
市场营销学	选修课	各专业类群	40
经济核算基础	选修课	各专业类群	40
生态经济学	选修课	资源、生产类专业	40
环境经济学	选修课	环保类专业	40
技术经济学	选修课	各专业类群	40

方案二，将第一层次的《经济学基础》、《管理学基础》中选择一门作为必修课，另一门作选修课，再加上第二、三层次的 1～2 门课程作为选修课，并计学分。见表 2。

表 2　改革方案二

课程性质	课程名称	课程类别	适用专业	学时
基础理论课	经济学基础或管理学基础	必修(1 门) 选修(1 门)	各专业类群	40～50
经济管理一般技能课	经济核算基础 市场营销学 技术经济学 经济政策与法规	选修(1～2 门)	各专业类群	30～40
经济管理专题课	应用经济管理 生态经济学 环境经济学	选修(1～2 门)	各专业类群	30～40

方案三，随着我国高等教育管理体制改革的深入，各高等农林院校将面向市场，自主办学。其招生专业和人才培养模式都将由市场需求而定。所以，在一些比较成熟的高等农林院校，对非经济管理专业本科学生可以采取全方位开放农林经济管理专业的全部课程，学生在导师指导下进行选课，积累教学计划所规定的学分。

依据上述三个方案，经济管理系列课程约为 120～160 学时，大约占各专业教学计划总学时的 6%～8% 左右。

上述改革方案与改革前课程体系有较大不同，见表 3。

表 3　部分高等农林院校改革前主要经济管理课程

课程名称	课程类别	适用专业	学时
部门经济管理	必修	农学、林业、畜牧、园林	30～60
企业管理	必修	动物饲料加工、农产品加工、农机化、森林工程	30～40
市场学 技术经济学	选修	各专业	30～40

通过系列课程设置的新旧方案比较可知，其中两个新方案(方案Ⅰ，方案Ⅱ)所设课程均成为一个系列，具体分为三个层次，即第一层次的课程旨在让学生了解和掌握市场经济的基本理论和基本知识。这既是高等农林院校本科人才从事农林工作所应具备的基本经济管理理论知识，又为后续课程的学习打下了基础；第二层次的课程旨在让学生学习和掌握经济管理的一般技能，基本通晓经营策略和管理规范，以使学生从业时具有广泛的适应性；第三层次的课程旨在使学生所学的专业技术与经济管理知识结合起来，以便在今后的工作中有更大的作为。这三个层次的课程内容新颖相互衔接，形成为一个系列，较之旧方案经济管理课程单一、学时少、内容陈旧等，具有质的飞跃。

四、经济管理系列课程教学方法、教学手段改革的思路与措施

(一)关于高等农林院校本科经济管理系列课程教学手段、教学方法、教材教法及教学形式改革的基本思路

总结我国高等教育的经验教训，借鉴国外做法，高等农林院校本科经济管理系列课程教学手段、教学方法、教材教法、教学形式改革的基本思路是：

(1)关于教学手段的改革。教学手段改革应主要从以下三个方面入手：①采用计算机辅助教学(CAI)，当务之急是大力推进经济管理类课程 CAI 软件的开发研究和制作使用；②采用多媒体组合教学，努力增强经济管理类课程教学的直观性、科学性、综合性和趣味性；③利用计算机辅助测试，包括试题库的建立、阅卷和测试分析等环节，统一利用计算机进行操作。

(2)关于教学方法和教学形式的改革。教学方法的改革首先抓好教学法的研究工作，认真总结和采用过去已有效的教学方法，同时借鉴国际先进的教学方法，杜绝"填鸭式"，采用启发式。要把教学方法的多样化与先进的教学手段和灵活的教学形式有机结合起来。其次，在教学形式上，学生预习、查阅资料、教师讲授、学生讨论、实习实验模拟操作等要合理安排；在传授知识方面，是采取口头讲述还是利用 CAI 和多媒体组织教学，要从提高教学效果和教学质量出发，灵活加以掌握。

(3)关于教材教法的改革。教材要有基本教材、实验指导书、教学参考书、电化教材、电子教材等。教材教法的改革，一方面包括教材内容的改革，一方面包括教材形式的改革。

教材内容的改革，一般指教学内容的改革，前面已经叙述。关于教材形式的改革，主要是打破过去单一的文字教材形式，研制和扩大应用电化、电子教材，使抽象的内容形象化、直观化，使难以理解的内容通俗化、生动化。

（4）关于教学效果的考核。教学效果考核应注重教学过程的考核，包括理论教学和实践教学手段的考核。理论教学效果考核，要注重考核教学内容的科学性、完整性、教学环节的衔接程度、学生到课率、作业完成率、及格率和考试成绩；实践教学效果考核要注重考核学生查阅资料和实习实验结果。

（二）高等农林院校本科经济管理系列课程教学手段、教学方法、教材教法及教学形式改革的具体措施

（1）关于经济管理基础理论类课程——《经济学基础》、《管理学基础理》的改革问题。《经济学基础》是一门理论性较强的课程，对于其中一些比较成熟的模型，像蛛网模型、包络曲线、乘数模型等，可结合采用幻灯、投影等教学手段，使深奥抽象的经济学原理变得直观、形象、易于理解。该课程可以讲授为主，讨论为辅，同时利用计算机作为辅助教学。《管理学基础》可采用幻灯、投影、录相、CAI、多媒体等教学手段，同时尽可能地引进案例教学方法。所用教材大体可分为三类，一是图文并茂的基本教材；二是实验指导书；三是多媒体及 CAI 软件、幻灯片、录相片、电化、电子教材等。其教学形式应是讲授（配合幻灯展示）、观看录相模拟实验、课堂讨论相结合。

（2）关于经济管理一般技能课的改革问题。①《经济核算基础》所采用的教学手段、教学方法、教学形式与《管理学基础》大体相同。对高等农林院校本科非经济管理类专业的学生来说，如果说《管理学基础》是为了让学生通晓和把握管理的一般原理、方法和基本规程的话，那么《经济核算概论》则是让学生能够基本掌握统计核算、会计核算、业务核算的理论与方法，能借助各种报表对经济活动进行识别、判断和决策。②《市场营销学》可以采用计算机辅助教学（CAI）、多媒体组合教学、计算机辅助测试（CAI）等先进教学手段。③《经济政策与法规》可以采用课堂讲授与实证分析和案例教学相结合的教学方法，同时也可以借助先进的教学手段演示教学内容和案例分析等，使学生在讨论和分析中了解我国有关的政策和法律知识及其应用。

（3）关于经济管理专题课——《应用经济管理》、《技术经济学》、《生态经济学》、《环境经济学》等课程的改革。由于这些课程内容各异，教学手段、教学方式、教材教法及教学形式需要灵活掌握。但有一点是共性的，即要与专业类群紧密结合，使学生对自己所学专业的经济特点有深刻认识。在教学手段、教学方法、教材教法及教学形式的处理和配合上，一般应使讲授、观看录相、专题议论、撰写论文结合起来，测试的方法可以撰写课程论文为主。

项目组在上述教学方法和教学手段改革的总体思路，以及各类课程的教学手段、教学方法、教材教法及教学形式改革的具体措施基础上，研制出了 CAI 光盘三套、多媒体课件一套和计算机辅助试题库，编写出教材 8 本和课程教学大纲 11 门，发表教学改革论文 22 篇。2004 年项目组的负责人又组织全国主要林业院校编写完成了《林业经济管理学》专题课程的教材，已交中国林业出版社待出版。

五、改革方案的实施情况

在经济管理系列课程的教改实施过程中，山东农业大学、南京农业大学、北京林业大学、浙江林学院、内蒙古农业大学等院校在重新修订专业教学计划工作中，对经济管理系列课程的设置、课程组装、本课题所提出的课程改革方案等问题，学校领导会同有关部门对上述问题都进行了全面、深入的研究，特别是对本课题组提出的经济管理系列课程改革方案给予了充分肯定，并将该改革方案纳入重新修订的专业教学计划中，予以采纳和参考。上述院校新修订的教学计划，经济管理系列课程的课时数大约占总课时数的 6% ~ 8%。特别是有的院校将"经济学基础"、"管理学基础"纳入了必修课程行列，这为进一步补充、完善经济管理系列课程改革打下了坚实的基础。新修订的教学计划已在 99 级执行，取得了良好的效果，表明其成果具有实用性和可操作性。

本项目通过四年多的研究，对高等农林院校非经济管理专业本科生，在新的人才培养模式中应具备哪些经济管理素质、知识和能力有了更深刻地认识与提高。但如何实现这一要求，还必须作大量的工作，其中急需解决的最关键的问题是：在转变教育思想、教育观念的前提下，在制定各专业教学计划时，如何正确定位经济管理系列课程的设置问题，轻经济管理重技术的倾向必须扭转；其次就是解决经济管理系列课程教学内容、课程体系问题，后者是实现教学计划的重要保证，这也是本课题研究的重点和难点。

产学研相结合的水土保持与荒漠化防治人才培养改革与实践

2004 年北京市级教学成果二等奖
2004 年校级教学成果一等奖
主要完成人：朱金兆、张洪江、王玉杰、丁国栋、黄海鹰

一、立项背景

进入 20 世纪 90 年代以来，随着社会经济的发展，人口、资源、环境三者之间的矛盾日益突出和尖锐，特别是环境问题作为矛盾的焦点，倍受世人注目。一系列全球性生态环境问题诸如水土流失、土地荒漠化、水资源短缺、温室效应、生物多样性锐减、自然灾害频繁等，威胁着人类的生存与社会发展。

中国是世界上水土流失与荒漠化危害最严重的国家之一，近年来国家对水土流失治理与荒漠化防治等生态环境问题给予高度重视，并列为中国生态环境建设规划的核心内容。

水土保持与荒漠化防治专业是一个实践性较强的专业，水土保持与荒漠化防治事业作为一项公益性很强和较为艰苦的事业，在新的社会形势、新的教育背景下，必须接受信息化、网络化以及经济全球化的挑战，以适应知识经济时代前进的步伐，找到适于自身发展的途径，培养特色鲜明、竞争力强的高素质专业人才。

本研究立项之初所面临的主要背景为：

(1)高等教育提出"三个面向"。随着我国经济建设的高速发展，高等教育提出了"三个面向"，即：面向世界，面向未来，面向现代化。使得高等教育迎来了新的发展机遇，同时也面临着新的更大挑战。

(2)高等院校本科专业进行了大幅度调整。高等院校本科专业设置进行了大幅度调整，全国的本科专业总数由原来的 500 多个调整为不足 300 个。属于农学门类内的林科本科专业，由原来的 11 个调整为 7 个，原来的"水土保持"和"沙漠治理"2 个专业调整为现在的"水土保持与荒漠化防治"专业。

与此同时，全国有相当一部分高等院校的所属问题，也发生了重大变化，即由原来部门所属划归教育部管辖，北京林业大学就是此类院校之一，由原来的国家林业局划归到教育部。

本科专业的调整，对本科生的课程体系、理论教学、实践教学等教学环节、教学形式、手段和方法，以至于人才培养目标等方面均提出了新的研究课题。

(3)完成了教育部"面向 21 世纪教学内容和课程体系改革计划项目(04 - 20)"。1999 年

10月，由北京林业大学作为项目牵头主持单位、由浙江农业大学作为项目主持单位，由王礼先、张启翔、朱荫湄3位教授主持完成的高等农林教育面向21世纪教学内容和课程体系改革计划项目"高等农林院校环境生态类本科人才培养方案及教学内容和课程体系改革的研究与实践"。

在该项目中主要研究了环境生态类"水土保持与荒漠化防治"、"园林"、"农业资源与环境"3个专业的面向21世纪本科人才培养方案、教学内容、课程体系改革与骨干课程教材建设，取得了很好的研究成果，分别获得北京市和国家级优秀教学成果一等奖。

（4）社会对本科生素质有了更高要求。新时期的学生不仅要求知识面宽，具有良好的文化素质、业务素质、思想道德素质，还必须能够适应社会上提出的更高要求，做到基础要扎实、动手能力强、基本素质高、热爱本职工作等特征，具有不怕艰苦、不怕困难的精神，以及勇于吃苦耐劳的优良品德和良好的身心素质。

在人才数量上不仅要满足国家生态环境建设的需求，在质量上也要能够适应新形势新时代的要求。如何培养更多更好的水土保持与荒漠化防治专业高素质人才，以适应国家经济高速发展与生态环境建设要求，就成为一个亟待解决的问题。

（5）满足国家需求提高人才培养质量。"水土保持与荒漠化防治"专业本科人才培养方案，必须不断适应国家经济发展和生态环境建设需求，为国家培养高素质人才。因此，进一步研究"水土保持与荒漠化防治"专业本科人才培养模式、深化改革培养方案，就成为当时"水土保持与荒漠化防治"专业本科人才培养中亟待解决的首要问题之一。

本项目的立项，一方面可为国家培养高素质"水土保持与荒漠化防治"专业本科人才创造条件，另一方面项目研究本身也具备了很好的研究基础和研究环境，如北京林业大学对本科人才培养一贯给与极大重视和关注，建立了一整套行之有效的本科人才培养规章和制度，北京林业大学水土保持学院有一支基础扎实、专业水平居国内一流、在国际上也有一定影响力的教师队伍。

尤其是在本项目立项之前，由北京林业大学作为项目牵头主持单位、由浙江农业大学作为项目主持单位，由王礼先、张启翔、朱荫湄3位教授主持完成的高等农林教育面向21世纪教学内容和课程体系改革计划项目"高等农林院校环境生态类本科人才培养方案及教学内容和课程体系改革的研究与实践"，在国家教育委员会、国家林业局、北京林业大学有关部门的直接指导和关注下，通过广大参研教师共同努力，取得了丰硕研究成果，分别获得北京市和国家优秀教学成果一等奖。这些条件和成果均为本项目的深化研究奠定了坚实基础。

综合分析本学科特点和21世纪社会发展对人才需求，水土保持与荒漠化防治专业本科人才培养的总体规划是走"产、学、研"相结合的发展模式。

二、成果主要内容

"产学研相结合的水土保持与荒漠化防治人才培养改革与实践"是教育部2000年11月批准立项的新世纪高等教育教学改革工程项目之一。2002年初，初步完成"水土保持与荒漠化防治"专业本科教学计划的修订，并从2002级学生开始实施，实施过程中逐步完善，形成目前的专业教学计划。本成果在北京林业大学2004年校级教学成果奖的评审中获得校级一等奖。

该成果通过近四年的研究与实践，根据科学研究、生产实践和人才培养的需要，通过人才培养目标与计划的调整，优化教育资源，改革运行模式，形成了一套新的产学研相结合的"水土保持与荒漠化防治"本科人才培养方案和与其相对应的运行机制，有效地提高了教学效果和人才培养质量。

1. 新修订的"水土保持与荒漠化防治专业"课程体系

新修订的"水土保持与荒漠化防治专业"本科生课程体系，其内容主要包括专业培养目标、培养要求、专业课程设置、实践环节等内容。其中着重调整了人才培养目标是以培养水土保持与荒漠化防治专业的高级工程技术人员和管理人员为主。在新教学计划中强化了实践教学环节，实习时间增加至 37 周。

该成果整合了多门课程的实习内容和实习时间安排，提高了实习效益。在同类专业中，首次将原来分散的实习内容和实习时间，分课程类型分别整合为"专业基础课程实习"和"专业课程实习"两大板块，形成以两次集中时间进行野外实习为主的新实习体系。并结合完成生产、科研任务进行本科学生的实习安排，这一方面强化了学生动手能力的培养，提高了实习效益，另一方面也使本科教学实习，在经费上得到了保障。

2. 新出版教材 3 本

（1）《农地水土保持》，王冬梅主编，中国林业出版社，2002 年；

（2）《沙漠学概论》，丁国栋主编，中国林业出版社，2002 年；

（3）《生态环境建设与管理》，赵廷宁主编，中国环境科学出版社，2003 年。

3. 新编 3 门课程 4 种实习实验指导书

（1）土壤理化分析实验指导书；

（2）土壤侵蚀原理实习实验指导书；

（3）林业生态工程学课程设计指导书；

（4）防护林调查研究方法。

4. 水土保持与荒漠化防治专业野外实习报告（部分）

（1）《荒漠化防治工程学》实习报告；

（2）《地学概论》实习报告；

（3）《林业生态工程学》课程设计；

（4）《土壤侵蚀原理》实习报告。

5. 教学改革论文

已正式刊发 3 篇，另有 11 篇刊发中或待刊发。

1）已刊发部分（3 篇）

（1）张洪江 程云 王玉杰等，《土壤侵蚀原理》课程教学改革尝试，《高校教学改革探索实践》，宋维明主编，中国林业出版社，2002；

（2）汪西林 朱宝才 关文彬，《荒漠化防治工程学》多媒体课件的研究与开发，《高校教学改革探索实践》，宋维明主编，中国林业出版社，2002；

（3）史明昌 陈胜利 全占军等，《水土保持信息系统》CAI 的开发与应用，《高校教学改革探索实践》，宋维明主编，中国林业出版社，2002。

2）刊发中或待刊发部分（11 篇）

（1）张洪江 程云，调整本科教学体系提高教学质量；

（2）王百田，关于"林业生态工程学"教学的思考；

（3）孙向阳 黄瑜 李素燕 张香凝，地学和土地资源学多媒体网络教学实践；

（4）张洪江 肖辉杰，参与社会活动提高学生素质；

（5）丁国栋 王博，基于知识经济背景下的高等院校人才培养模式刍议；

（6）程云 张洪江，提高教学管理水平深化教学改革；

（7）肖辉杰 李晓凤，完善二课堂体系拓展学生综合素质；

（8）尹忠东 朱清科 张岩 毕华兴，浅析教育模式对课程体系设置的影响；

（9）刘喜云 张洪江，科学研究是本科教育的重要支撑；

（10）弓成 张洪江，服务师生保证教学；

（11）饶良懿 余新晓，水土保持与荒漠化防治专业双语教学的探讨。

6．新出版专著12部（本项目立项以来）

（1）《黄土高原治山技术研究》，朱金兆 松冈广雄编，中国林业出版社，2001；

（2）《黄土区退耕还林还草可持续经营技术》，朱清科 朱金兆著，中国林业出版社，2003；

（3）《中国防沙治沙实用技术与模式》，赵廷宁等编，中国环境科学出版社，2001；

（4）《中国生态环境建设与水资源保护利用》，沈国舫 王礼先著，中国水利水电出版社，2001；

（5）《三北地区淡水资源可持续利用研究》，张学培等编，中国林业出版社，2001；

（6）《科尔沁沙地生态系统退化与恢复》，关文彬著，中国林业出版社，2002；

（7）《黄土高原土地生产潜力研究》，王冬梅 孙保平著，中国林业出版社，2002；

（8）《京津风沙源荒漠化防治技术》，张学培等编，中国青年出版社，2003；

（9）《全国林业生态建设与治理模式》，赵廷宁等编，中国林业出版社，2003；

（10）《宁夏南部黄土丘陵区水土保持与农业可持续发展》，齐实 罗永红等主编，黄河水利出版社，2003；

（11）《防沙治沙实用技术》，张克斌等编，中国林业出版社，2002；

（12）《环境保护热门话题丛书——荒漠化》，张克斌等编，中国环境科学出版社，2001。

7．课程教学改革成果（包括教学内容、教学方法和教学手段等）

（1）"地学基础及土地资源"的网络课程建设．孙向阳．CAI 光盘．2001；

（2）"建筑结构系列课程计算机"教学系统．谢宝元．多媒体教学管理系统．2001；

（3）"荒漠化防治工程"课程建设．赵廷宁．多媒体软件及试题库．2001；

（4）"水土保持信息系统"课件建设．史明昌．多媒体软件．2001；

（5）"土壤肥料学"教学手段改革．聂立水．CAI 光盘．2000；

（6）"土壤学"教学手段改革．耿玉清．CAI 光盘．2000；

（7）"流域地貌学"教学手段改革．王玉杰．CAI 光盘．2000；

（8）"流域管理学"教学手段改革．齐实．CAI 光盘．2000；

（9）"农地水土保持"教学手段改革．王冬梅．CAI 光盘．2000；

（10）"沙漠学概论"教学手段改革．丁国栋．CAI 光盘．2000；

（11）"水土保持工程"教学手段改革．王秀茹．投影幻灯录像．2000；

（12）"水文学与水资源"教学手段改革．张建军．CAI 光盘．2000；

（13）"土壤侵蚀原理"教学手段改革．张洪江．CAI 光盘．2000。

8. 精品课程与精品教材

1）北京市精品课程

（1）《土壤侵蚀原理》，张洪江主讲；

（2）《土壤学》，孙向阳主讲；

（3）《荒漠化防治工程学》，孙保平主讲。

2）北京市精品教材

《生态环境建设》，高甲荣主编。

9. 新增北京市延庆水土保持实验实习基地一处

结合水土保持教师承担的科学研究项目，水土保持与荒漠化防治专业建立了一批教学及实验设施基本齐全的野外实习基地。除原有的山西吉县、重庆缙云山、青海大通、陕西吴旗、北京密云、宁夏盐池等外，于 2003 年又新增北京市延庆水土保持实验实习基地一个。

该基地的建立，为水土保持与荒漠化防治专业本科生野外教学实习奠定了良好基础。在实践教学中，已经发挥出作用，收到了很好教学效果。

这些教材、专著、新增教学实验实习基地及校级教学改革立项的研究成果等，在水土保持与荒漠化防治专业本科教学过程中均取得了很好的应用效果，建立了科学的产学研相结合的人才培养机制，完善了实践教学体系，提高了学生的培养素质。经鉴定专家委员会鉴定，一致认为对同类专业的改革和建设具有示范和推动的作用。

三、成果创新点

1. 制定了更加科学的"产学研相结合的水土保持与荒漠化防治人才培养"方案

（1）修订了"水土保持与荒漠化防治专业"人才培养目标。在新的人才培养目标中，强调了高级工程技术与管理人才的培养，强调了基础和通才教育。而将水土保持与荒漠化防治专业研究型人才的培养，纳入到硕士和博士研究生阶段中。

以面向现代化、面向世界、面向未来的思想；按照拓宽基础，淡化专业意识，加强素质教育和能力培养的思路；学时要少、效果要好的目标，综合考虑对学生知识、能力、素质的要求及适应市场的需要，做到整体优化。

（2）修订完成了新的专业教学计划。在新教学计划中，确定的主要专业课程为：生态环境建设规划、林业生态工程学、水土保持工程学、荒漠化防治工程学、地理信息系统及其应用。

主要实践环节包括课程实验、教学实习、课程设计、综合实习、毕业论文（设计）等实践环节。

2. 整合了课程实习内容和实习时间

（1）增强学生动手能力。通过本次教学计划修订，加强了教学实践环节，教学实践环节周数从原先的 36.5 周增加到 37 周，占总学分的比例较以前提高了 1 个百分点，在时间上增加了教学实践环节，为学生动手能力的提高创造了条件。

（2）整合了课程实习内容。把能够整合的相关基础课程和专业课程的野外实习实验，分别整合为"基础课程综合实习"和"专业课程综合实习"两大板块，分为两次集中进行野外实习。大大减少了学生实习过程中花费在往返路途中的时间，提高了实习效率，收到了很好的实习效果。

同时，本着宜合则合、宜分则分的原则，对于有些因实习地点、实习内容、实习时间等因素限制，或有特殊要求的课程野外实习，也保留了其单独进行野外实习的形式。

3. 提出了"产学研相结合的水土保持与荒漠化防治人才培养"保障措施

（1）突出素质培养。新的教学计划中，增加并落实了了人文科学、有利于学生思想素质和情操培养的课程，要求至少有 5 个学分为公共选修课。学校提供了近 70 门课程作为公共选修课，同时还可以选修北京学院路地区 16 所高校"教学共同体"的校际公共选修课。

（2）修订完成新的教学大纲。贯彻"拓宽专业口径，突出素质和技能培养，坚持知识、能力、素质协调发展"的教学大纲编写原则，紧密配合学校及院系的教学教改，根据水土保持与荒漠化防治专业综合性强、专业基础知识涉及面广的特点，在界定各门课程主要理论、知识、技能和实践环节基础上，编写了高水平、高质量，融理论性、知识性、技能性、实践性、启发性、超前性于一体，适应面向新世纪生态环境建设事业对本科人才要求的教学大纲。

（3）改革教学方法和手段。把改革教学方法当作深化教学改革的重要内容，通过几年来的教改实践，摸索出"参与式教学"、"开放式教学"、"自主式教学"等有利于人才培养的新教学方法。教师积极进行改革传统教学方法，应用先进教学手段进行教学实践，均取得了较好的效果。通过研究充分利用电教化手段，增强了学生的感性认识，提高了学生学习热情，提高了教学质量。

四、成果推广应用情况

1. 项目研究成果的实践情况

本项目以"新世纪高等农林教育教学改革工程项目申请书"中的改革内容、改革目标进行了深入而系统的研究，以教学、科研结合生产为主线，构建了水土保持与荒漠化防治专业人才培养体系。在教学内容、教学方法、教学手段和实践教学环节改革方面，在加强学生创新能力、自学能力和实践能力的培养等方面也取得了预期成果。

自本项目运行以来到结题为止，整个项目运行状况良好，已完成了对国内外相关专业人才培养的背景分析和发展趋势研究，提出了高等农林院校水土保持与荒漠化防治专业产学研相结合人才培养模式（教学内容、课程设置、教学手段、实践教学），并在本科人才培养过程中予以应用。

研究制作完成了主要课程的课件，极大地提高了学生动手能力、学习积极性和主动性。通过教学实践和人才培养模式实践，完善了产学研相结合的人才培养模式。

根据项目要求，在水土保持与荒漠化防治专业教学过程中收到了很好的效果，学生反映良好。由于人才培养模式、课程结构不断优化调整，学生就业率和就业层次明显上升。本专业人才得到了用人单位的高度评价。

2. 项目成果在相关学科、专业或学校的影响及推广价值

本项目研究成果，为培养更多更好的水土保持与荒漠化防治专业高素质综合人才奠定了基础、提供了保障。在质量上适应新形势新时代的要求，在知识结构和综合能力等方面，具备环境生态类等科学知识和实际工作能力。培养出来的学生具有良好的文化素质、业务素质、思想道德素质，能够适应更广阔的空间，达到基础扎实、能力强、素质高、热爱本职工作，具有无私奉献、不怕艰苦、不怕困难的精神以及勇于吃苦耐劳的优良品德和良好的身心素质。

在高等农林院校的水土保持与荒漠化防治专业人才培养方面，本项目研究成果具有广泛的推广应用价值。同时，也可作为林学学科和农学学科内相关专业的本科人才培养模式的参考，尤其是在本科人才培养方案、培养目标、课程体系设置、实习实践环节等方面，无论是对于水土保持与荒漠化防治专业，还是对其他相关专业来说，更具有较为普遍的指导和借鉴作用。因此，本项目研究成果在相关学科、相关专业都会产生积极的影响，具有广泛的推广应用价值。

园林植物应用设计系列课程建设

2004 年北京市级教学成果二等奖

主要完成人：董丽、刘秀丽、周道瑛

一、项目背景

北京林业大学在我国园林专业的教学领域中一直充当"领头羊"的角色。在课程设置上，我校紧紧追踪学科发展的脚步，结合学科应用性极强的特点和我国园林绿化事业蓬勃发展的需求，在多年前就率先将"园林花卉应用设计"（以草本花卉为主体的植物应用设计）列为独立课程，又在 4 年前开设以木本植物为主体材料的综合性的"园林植物种植设计"课程，使得作为园林设计最重要内容的园林植物设计的课程得以完善，成为衔接园林植物学（包括园林花卉学和园林树木学）及园林设计等课程的重要纽带，为后续的园林设计课程奠定基础，也对本科生阶段培养扎实的专业基础具有重要的意义。同时这两门课程又是硕士研究生阶段的高级课程——专业学位课"植物造景"的必备基础。

园林花卉应用学和园林植物种植设计等课程目前是园林学院园林专业、城市规划专业及观赏园艺专业重要的专业课程，也是深受同学欢迎的课程。其中"园林花卉应用设计"是园林植物应用设计系列课程开设最早的课程之一，重点培养学生掌握园林花卉应用的基本形式和设计手法。但是随着园林事业的蓬勃发展，原有教学资料早已显出其不足，教学形式也无法满足需求等，加之长期以来国内均缺乏园林花卉应用设计的教学参考资料，使得对课程进行全面的建设极为迫切。"园林植物种植设计"是关于以木本植物为主的园林植物综合配置的基本理论和技法的课程，是在园林树木学和园林花卉学等课程的基础上，讲授对园林植物进行配置的理论及种植施工图的设计。该课程开设 4 年来学生反映良好。但该课程原来由老教师主讲，现面临教师队伍急需充实，教学资料缺乏及教学手段落后的问题，且日益凸现。因此进行教师培养、教学资料收集、教学方法探讨、课件制作以及教材建设也势在必行。

鉴于此，在学校的大力支持下，2002 年 8 月立项"园林植物应用设计系列课程建设"。

项目旨在总结课程开设以来的教学经验和不足，在多层次、多角度研究教、学双方对现有课程结构、课程内容评价的基础上，通过合理增、删和调整，重新确立课程结构，完善课程内容；通过参考国际上先进的相关教学内容，收集国内外最新理论资料和设计实例的图片和图像资料，构建教材体系，完成相关课程教材、讲义的编写；根据课程特点，研究教学方法，完成多媒体课件的制作及相关的图像资料等的收集、整理和编排。期望通过该项目的实施，解决长久以来困扰学生的缺乏教学参考资料的问题，改进和提高教学手段，在较大程度上提高教学效果和教学质量，同时为全国高等院校相关专业课程的设置和完善提供直接和间接的贡献。

二、完成内容

"园林植物应用设计系列课程建设"成果的主要内容包括以下几个方面：

（1）园林花卉应用设计课程的教材：该教材名称《园林花卉应用设计》，为全国高等院校园林专业通用教材，中国林业出版社 2003 年出版，统一书号 ISBN 7 - 5038 - 3439 - 0。该教材共 34 万字。全书分 15 章，包括总论和各论两部分。其中总论包括园林花卉应用设计的基础知识、设计的基本理论基础和和种植施工等 4 章，各论部分包括花坛、花境、立体花卉景观、花卉水景园、岩石园、蕨类植物专类园、观赏果蔬专类园及花卉专类园、花园、屋顶花卉、室内花卉景观及综合性花卉展览等主要花卉景观的设计共 11 章。全书从系统性、科学性和实用性出发，不仅介绍了花卉应用设计的基础，而且较为全面地介绍了当今园林花卉应用各类形式的设计原则和方法。内容的编排从规则式设计到自然式设计，从单一园林花卉应用形式的设计到综合性园林花卉应用设计，从露地园林花卉应用设计到室内园林花卉应用设计，最后到具有高度综合性的花卉展览的设计，循序渐进，既便于教学组织，又利于自学。全书既包涵至今仍广为应用的传统的花卉应用形式的设计，也对当今国际上方兴未艾的新型花卉应用设计的理念及手法作了介绍，如低维护性花园的设计、水景园和岩石园的设计、蕨类植物专类园的设计、屋顶花园的设计等。全书的出版弥补了国内相关参考资料的极度匮乏。成果形式：正式出版纸质教材。

（2）园林花卉应用设计课程的多媒体演示课件：根据该课程的课时安排，对课堂教学的重点内容制作了图文并茂的多媒体演示课件，包括花坛设计、花境设计、花卉立体景观设计、水景园设计、岩石园设计、花卉专类园设计、花园设计、室内花卉景观设计等内容。成果形式：演示课件。

（3）园林花卉应用设计课程的网络版课件：依据教材的结构和内容制作完整的多媒体网络版课件，课件中插入大量图片，尤其是课堂上由于学时限制不讲解的章节，以弥补教材为了降低成本不便放入大量彩色图片的缺憾，便于学生自学。成果形式：网络课件。

（4）园林植物种植设计课程的自编教材：在结合开设课程几年来教学内容的调整和完善的基础上完成了讲义的编写。内容包括两大部分，总论包括园林植物种植设计的基础理论和方法，如种植设计的定义、内容和功能、种植设计的基本原则、种植设计的方法及种植施工等；各论部分包括园林植物与各类造园元素的配置和组景，主要包括园林植物与建筑、园林植物与水体、园林植物与地形、园林植物与道路、园林植物与广场等内容。全书共 30 余万字，数十幅墨线插图与彩照，图文并茂。成果形式：自编纸质讲义。

（5）园林植物种植设计课程的多媒体演示课件：根据自编教材的结构和内容，编制了图文并茂的多媒体演示课件。成果形式：演示课件。

（6）园林植物种植设计课程的幻灯图库：鉴于多媒体演示课件中过多的幻灯容易使整体内容结构松散，而该课程的特点又决定了其需要大量的实例，因此制作图库，方便教师根据每部分课时多寡情况和学生需要随时抽取图片实例播放，是对课件的补充。成果形式：电子图集。

三、成果特色及创新点

该项成果中包涵的内容，无论从课件建设还是教材出版，均是国内首次。该项目所有的教材和课件不仅注重系统性、科学性，而且充分体现本学科的应用性，内容全面新颖，重点突出，在编排上循序渐进，图文并茂，实例多，利于教、学双方的需要。其各自还具备如下鲜明特色和创新点：

（1）《园林花卉应用设计》教材（全国高等院校园林专业通用教材）是在全国园林界的知名专家、学者，包括工程院陈俊愉院士及科学院教授余树勋先生、北京林业大学园林学院张启翔教授、王莲英教授的指导下完成的。参加编写人员均为全国该领域的一线骨干教师及相关设计师。该教材不仅内容系统、科学、新颖，而且理论与实践兼顾，正如陈俊愉院士对此书的四点评价"一、充分肯定此书之价值与历史作用；二、引经据典，搜罗较齐；三、补缺求全，精心安排；四、图文并茂，文笔流畅，读之有引人入胜，触类旁通之感"。毫不夸张地说，本书中许多内容都是作者在对当前园林花卉设计的实践进行总结之后首次概括提炼，并融入作者的思考，具有较高的创新性。教材的出版填补了国内在该领域的空白，不仅满足我校的教学，目前已被多所高校选为本科生及硕士研究生、农业推广硕士研究生等的教材，为全国园林专业本科的教学甚至研究生教学做出了重要贡献。

（2）《园林花卉应用设计》的网络课件也是国内首创，该课件内容丰富，界面优美，图文并茂，链接方便，不仅方便学生自学，补充课堂教学课时不足的缺陷，同时为未来该类性质的课程的远程教育方法提供借鉴。

（3）两部教学演示课件内容系统，重点突出，界面友好清晰，方便改进，极大地提高课堂教学效果。

（4）园林植物种植设计自编讲义的完成标志着国内该课程的结构体系的构架和基本内容的界定，为未来的正式出版，填补国内空白奠定基础。

（5）园林植物种植设计图库收集资料齐全，使用方便，更新方便。

四、项目成果的应用推广情况

本成果包含的内容都是相关教师在多年边教学、边研究和总结的基础上完成的，绝大部分内容都已在教学中得以应用和完善。

（1）北京林业大学对园林植物设计相关课程设置的改革带动了国内其他院校中同类专业的课程改革。

（2）《园林花卉应用设计》自从出版以来已经应用于北京林业大学园林和城规专业10个班的教学，农业推广硕士生教学、西北农林科技大学观赏园艺专业2届研究生和本科生教学、东北林业大学2届研究生和本科生教学用书（仅是不完全统计），另外全国园林专业报考研究生及广大园林设计的从业人员也以此作为参考书。

（3）园林花卉应用设计多媒体演示课件和网络课件已经连续3年用于城市规划专业与园林专业的教学，收到同学的好评。

（4）园林植物种植设计课件和图库也已应用于教学，并且根据不同任课教师的建议，已在课件中补充种植设计制图技术等相关内容。自编讲义已应用于部分班级教学，同时征求相关专家的意见，已进行一定修改，拟进一步完善后出版。

五、项目成果的应用前景

鉴于我国目前园林事业的蓬勃发展，该专业招生势头良好，从业人员不断增加，同时继续教育日趋急迫，加之景观规划和园林设计中越来越重视园林植物的生态价值，园林植物设计在专业教育中越来越受到重视，该项目成果的社会效益会越来越大。

由于学科的迅速发展，知识的快速更新成为必然。因此该项目的成果也不是一成不变。我们会在今后的教学和园林实践中不断修改、充实、更新和完善相关内容，使之始终处于全国先进水平。

对基于计算机的大学英语听说教学模式的研究与实践

2008 年北京市级教学成果二等奖

2007 年校级教学成果一等奖

主要完成人：白雪莲、史宝辉、段克勤、訾缨、柴晚锁

该研究依托教育部大学英语教改立项项目"对基于计算机的大学英语听说教学模式的实践与研究"展开，2004 年 9 月在我校 04 级学生中开始实践，2006 年 7 月完成。研究成果及相关材料 2007 年 4 月上报教育部，12 月通过验收。该研究成果继续在我校 05、06、07、08 级学生中应用。

一、项目总体概述

1. 项目研究的基本思路

传统的教学思想认为听说只有在教师教授而且人数控制最多 30 人以下的小班教学情况下才有效果。但现实情况是由于扩招全国大部分高校实行 60 人左右的大班教学，另一方面我国社会的发展要求各大学不仅能够培养有专业知识、懂技术的人才，而且这些专业人才还能够进行国际交流，因此，如何提高非英语专业学生的听说能力这一课题具有前所未有的迫切性和挑战性。

该项目创造性地把现代技术手段和建构主义教学理论"以学生为中心"的教育理念相结合，形成了"学生基于计算机的自主学习 + 教师小班面授"的听说教学模式，从更新教师教学思想和学生学习思想入手，探索在新形势下提高学生听说能力的有效途径，从而解决制约他们的英语运用能力提高的瓶颈。

2. 研究方法

主要通过实证式实践并辅以问卷调查、访谈的方法进行研究。四个学期里，严格按照项目的总体规划和思路进行教学实践。为了确保全年级实践的一致性，我们制定了教学大纲、教学计划、学习进度、答疑辅导安排等指导性文件，规范教师的教学行为和学生的学习行为。

我们先后设计了 5 种调查问卷，分别是《英语学习方法调查问卷》、《大学英语听说课程调查问卷》、《课堂活动内容及形式的调查问卷》、《关于多媒体辅助英语教学情况的调查问卷》以及《英语语言用运能力自我评价调查问卷》，并辅以多种形式的座谈，开展调查研究，分析调查结果，指导我们的教学实践。

3.　研究内容

（1）对教学模式的实践与研究。04 级听说课在一个能同时容纳 6 个教学班 200 人的大型机房中进行。开课前，首先为 04 级学生培训了计算机技术，介绍了学习软件的各种功能及操作程序，并介绍了常用自主学习策略及自主学习在培养创新能力及英语语言运用能力的重要性，使 04 级学生尽快熟悉了该教学模式，并乐意体验，保证了该教学模式的顺利开展及实施。同时，为 04 级每名学生做学习档案记录，包括入学分级测试中各项技能的分值和以后每学期各项技能的分值，供以后研究实验效果之用。

有明确的学习目标。每学期开学伊始，要求教师把本学期的听说教学要求、考核评价要求详细讲解给学生，并以此为依据帮助他们制定符合自己的学习进度。自主学习内容包括两部分：每个学生必须完成的《新编大学英语网络版》和个性化的学习材料。《新编大学英语网络版》不仅有学期学习目标，每学期一册，而且每节课都有学习任务，详细地规定听力、口语和听说活动必须完成的内容。个性化的学习材料是开放的，只有学期学习目标。学生可以根据自己的爱好、兴趣及水平确定自己的学习内容和进度，课上完成不了的也可以利用校园网课外学习。

自主学习不是放任学习。每次学生自主学习听说时，都有一名教师值班，负责安排学习内容、辅导、答疑并督促、检查学生是否完成所要求的内容。值班教师需要做详细的值班记录，包括考勤、学习情况、纪律情况，期末形成性评估中占 20%。

小班面授。我们还通过小班面授帮助教师掌握学生自主学习任务完成情况和学习效果，从而正确指导学生学习。面授期中、期末各 1 次。面授程序如下：教师在进行小班（约 8 人左右）面授前一周给学生下发《听说评价卡》，要求学生认真填写自评、互评中的各项内容，面授时交给老师。老师根据学生的自评和同学互评，对学生自主学习听说时存在的问题、学习方法、学习策略上存在的问题进行指导，每人约 4~5 分钟；最后要求每个小组的学生能就所学内容进行汇报，每组约 20 分钟，汇报形式一、二学期主要采用故事复述、情景对话、角色扮演等形式，三、四学期主要采用个人演讲、小组讨论及主题辩论等形式，以此考察学生上机自主学习内容的完成情况及学习效果，同时根据学生在运用英语交流时的语音、语调、表达的流畅性、准确性、对语言的驾驭能力等表现给出教师评价，结合自我评价和同学评价，最后确定形成性评估听说能力成绩（期中 10%，期末 10%）。

（2）学习内容的研究。在学习内容方面，我们针对《新编网络版》的不足增加了个性化学习材料，包括应试型的大学英语 1~4 级水平测试，趣味型的经典影片、英文歌曲、《走遍美国》、英语演讲等，语音训练型的《听力 100 分》，能力型的美国之音特别节目、CRJ 慢速英文，提高型的美国之音标准新闻、CNN 新闻等。最近学校又购买了新的英语学习平台，学生自主学习的内容更加丰富，也更具个性化。调查问卷表明，个性化的学习材料对增强学习兴趣、培养学生自主学习能力有良好的作用。

我们认为学生阅读都难以理解的材料是不可能听懂，因此决定编写一些与所学课文主题有关的阅读材料，每单元 2 篇，规定阅读速度和时间，利用课堂教学对学生进行训练。这些快速阅读材料一方面开阔了学生的视野，一方面训练他们的阅读理解能力。问卷调查显示，学生普遍认为阅读理解能力的提高有助于他们听力理解能力的提高。这些阅读材料我们整理成 3 册《新编大学英语快速阅读》，由外语教学与研究出版社于 2006 年后陆续出版，并被列为国家"十一五"规划教材，继续为我们的教学服务。

（3）大学英语听说评价体系的研究。考试是教学过程中的一个重要环节，是实现教育目标、评价教学质量的一种教学手段。当考试的评价内容与方法是科学的、全面的并与教育目标相一致时，考试作为一种教学手段，引导教学双方朝着教育目标前进，对教学起着促进作用；当考试的评价内容和方法不科学、不全面且背离教学目标时，则对教学起着阻碍作用。因此，科学的、完善的、合理的听说评体系是这项教学改革顺利进行的有力保障，是这项教学模式改革的一个主要方面。以此为据我们确立了我校"大学英语听说评价体系"由形成性评估和终结性评估构成。实践表明，该评价体系为我们采用的教学模式顺利实施提供了有力的保障。它不仅能够有效地检测、监控学生自主学习的过程，而且能够激发学生学习的动机和兴趣，帮助学生反思自己的学习行为，调整学习策略，促进学生自主学习能力的发展，保证了听说教学的质量。

二、该研究取得的主要成果

经过为期两年的教学研究与实践和推广应用，该项目主要取得了以下成果：

（1）制定了全新的听说教学模式——"基于计算机的学生自主学习 + 教师小班面授"，并实践验证了这种结合了现代技术手段与现代教学理念"以学生为中心的"的自主听说学习模式对提高学生语言综合运用能力的有效性。具体模式如图1。

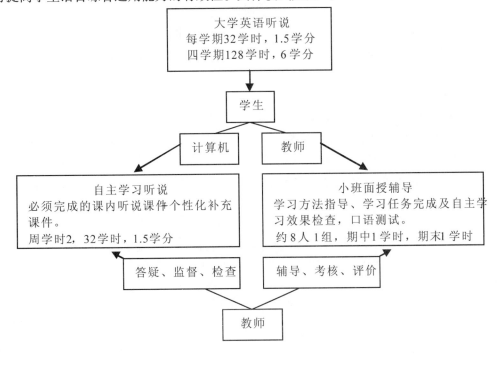

图1

该模式对我校04级学生经过为期两年的实践，效果显著，因而在05级、06级、07级、08级学生中推广应用。

（2）制定了注重学习过程的、科学的听说评价体系。具体如图2。

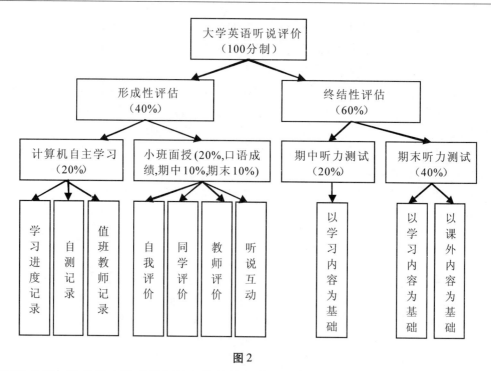

图2

实践表明，这种结合形成性评估和终结性评估于一体的评价体系不仅能够有效地检测、监控学生自主学习的过程，而且能够激发学生学习的动机和兴趣，帮助学生反思自己的学习行为，调整学习策略，有利于促进学生自主学习能力的发展，保证了这种自主式听说教学的质量。

（3）我校学生英语语言能力提高显著。具体体现在：

第一，国家四级考试成绩大幅度提升。04级学生比应用传统教学模式的03级学生通过率提高近8个百分点，成绩达到中、良、优的学生人数大幅度提高，听力成绩提高尤其显著。应用该模式的05级学生成绩继续在高位运行，继续使用该模式的06级学生成绩提高更加突出（见表1）。

表1

年级	参考人数	及格人数	及格率	总分平均分（总分710）	听力平均分（总分249）	听力200分以上人数	总成绩500以上（中）	总成绩550以上（良好）	总成绩600以上（优秀）
03级	2408	1696	70.43%	453.86	84.02	0	716人，占总人数的29.73%	163人，占总人数的6.77%	10人，占总人数的0.42%
04级	3111	2436	78.24%	484.3	138.49	617人	1434人，占总人数的46.09%	709人，占总人数的22.79%	185人，占总人数的5.95%
提高率			7.81%	30.44	54.47		16.36%	16.02%	5.53%
05级	3162	2481	78.5%	473.64	164.27	620人	1442人，占总人数的45.60%	714人，占总人数的22.58%	189人，占总人数的5.98%
06级	2903	2593	89.3%	506	177	668人	1658人，占总人数的56.84%	804人，占总人数的28.54%	197人，占总人数的6.8%

横向比，根据大学英语考试委员会公布的数据，我校 04 级、05 级、06 级学生的总分平均分和听力平均分均大大高出全国"211"大学和北京市高校，其中，06 级学生在 08 年 6 月国家四级考试中，通过率 89.3%，年级平均分 506 分，高出全国"211"大学 68 分，高出北京市高校 52 分，听力平均成绩高出"211"学校 25 分，高出北京市高校 16 分。

第二，学生英语应用能力有明显提高，对自己的语言运用能力尤其是口语能力更加自信。04 年以来，我校学生参加校级、全国性的各类英语比赛十分踊跃，成绩优异。以 08 年全国大学生英语竞赛（C）组为例，我校学生取得特等奖 2 人，一等奖 8 人，二等奖 23 人，三等奖 46 人的佳绩，获奖人数之多在北京市高校中名列前茅；会计 04 - 1 班的莫杰麟荣获"21 世纪联想杯"全国英语演讲大赛（北京赛区）一等奖，全国三等奖；国贸 04 - 2 班的刁菲同学获"第七届全国大学生英语演讲赛"二等奖等奖，会计 06 - 1 胡光昭获得刚刚结束的 CCTV 杯北京赛区一等奖，还有多名学生在"奥运在我心中"演讲比赛、全国大学生英语辩论赛等比赛中获得名次。英语应用能力的提高，使得我校学生在考研、就业中具有明显的竞争优势。

（4）发现了在该模式下影响学生听说能力提高的三大因素：

第一，学习内容是决定学生能否提高听说能力的基础。

第二，学生自主治学能力是决定学生自主学习听说取得预期效果的关键。

第三，小班面授辅导是保证学生完成教学任务的保障，也是培养学生自主治学能力的有效手段。

（5）项目组成员共撰写并发表了七篇教学研究论文：

◆《大学英语口语课程测试模式测试的设计与分析》，2006 年，大学外语教学与研究，北京交通大学出版社。

◆《非英语专业大学生英语学习兴趣研究》，2005 年，北京林业大学学报社会科学版（增刊）。

◆《充分利用多媒体辅助手段，提高大学英语教学质量》，2005 年，北京林业大学学报社会科学版（增刊）。

◆《北京林业大学大学英语教学模式研究与实践》，2005 年第 1 期，中国林业教育。

◆《论在各高校施行大学英语口语考试的必要性》，2006 年 12 月，语言与文化发展新（第六卷），中国科学技术出版社。

◆《为什么要冷静地进行大学英语教学改革?》2006 年 11 月，北京外语教学研究，外语教学与研究出版社。

◆《对基于计算机的大学英语听说教学模式的探索》，2008 年 2 月，《改革·创新·发展——教学改革与实践论文选编》，中国林业出版社。

（6）编写并出版了快速阅读、听力方面的教材及教学辅助材料 2 套 4 本：

◆《新编大学英语·快速阅读》第一册，2006 年 8 月，外语教学与研究出版社。

◆《新编大学英语·快速阅读》第二册，2007 年 1 月，外语教学与研究出版社。

◆《新编大学英语·快速阅读》第三册，2006 年 1 月，外语教学与研究出版社（这套教材已被列为国家"十一五"规划教材）。

◆《最新大学英语四级·听力新题型难点突破》，2006 年 2 月，北京大学出版社。

（7）开发了《新编大学英语》1~4册多媒体教学光盘，其中1、2、4已由外语教学与研究正式出版，丰富了学习资源，弥补了《新编大学英语网络版》的不足，保证了改革效果。

三、该研究的主要创新点及应用情况

1．主要创新点

（1）首次将这种结合了现代技术手段和现代教学理念"以学生为中心的"的体验式自主听说学习模式大规模地应用于大学英语教学，证明了该模式的可操作性和示范性。

（2）首次以实证的方式对教师在这种模式下的作用、角色进行了研究，对老师及学生在该模式下职责定位形成了清晰的范本。

（3）首次形成了北京林业大学科学系统的听说评价体系，论证了其对培养学生自主学习能力的功效。

（4）首次对大规模的口语测试如何保证测试的信度和效度进行了探索和实践，为解决大学英语学生数量庞大而教师资源相对有限难以开展大规模的口语测试困境找到了突破口。

（5）首次对阅读理解与听力理解相关性进行了为期两年的实证研究，发现阅读理解能力的提高是学生听力理解能力得以持续提高的保障。

2．应用情况

（1）该教学模式深得实验学生的认可和欢迎。根据对04级全部参加实验的学生进行的问卷调查，95%的学生认为上自主听说课使自己开始重视听说能力，75%的学生认为计算机自主学习听说对提高自己的听说能力有帮助，84%的学生赞成基于计算机的自主学习模式。

（2）应用效果显著。实验该模式的04级学生参加了2006年6月份举行的国家四级考试，通过率创我校历史纪录，达到78.5%，比03级学生提高8.1个百分点，听力单项提高54.47分突破了以往我校学生因听力弱而统考成绩差的局面。05级、06级学生继续沿用该模式，效果进一步突显。05级学生在国家四级考试中通过率继续保持了78.5%的高通过率。06级学生在2008年6月国家四级考试中一次性通过率高达89.3%，比我校2007年四级通过率78.5%提高10个百分点，比2003年我校四级通过率58.8%提高了30多个百分点。根据全国大学英语考试委员会公布的数据，我校06级学生的年级总分平均分506分，高出全国"211"学校68分，高出北京市高校52分，听力平均成绩高出"211"学校25分，高出北京市高校16分。在北京各高校，我校的四级通过率的站位已由2000年时的倒数跃升为前十。07级、08级学生继续使用该模式。2007年9月，我们进一步深化对学生自主学习能力的培养，引入计算机考核系统记录学生的上机学习情况和完成学时（每学期至少1800分钟）。学生可以根据自己的时间和水平安排上机学习听说，使自主学习更具个性化。

（3）该教学改革得到了各兄弟高校的关注。该研究曾作为开拓性实践教学在2006年第5期《大学英语》杂志上做过介绍，引起国内同行广泛的关注。2006年5月去郑州大学进行过交流；2006年4月华中农业大学大学英语改革课题组的老师来我校进行考察；2007年11月，北京市大学英语教学研究会组织中国地质大学、中国矿业大学、中央民族大学、中国石油大学等高校的20多位老师对我校的这一改革进行考察；2008年9月山西财经大学大学英语部的15位老师来我校进行访问交流；此外，中南林业大学、西北农业大学、新疆农学院等院校也先后对此项目进行访问交流。

（4）该研究取得的各项成果得到农林基础教学指导委员会的认可，被推荐申报2008年度国家精品课程。

总之，通过对"基于计算机的自主学习＋教师小班面授辅导"的大学英语听说教学模式为期两年的实践与研究和两年的推广应用，我们认为该模式在"充分利用现代技术的同时合理的继承了传统教学模式的优秀部分"，比传统的"一师多生式"的课堂教授听说的教学模式在帮助学生获得学习策略、发展自主学习能力方面有显著的效果，是解决高校扩招以后各学校面临着学生多教师少难以开设听说课程的困境的有效途径，是提高学生听说能力的好方法。但该模式的实施效果很大程度上取决于学生自主学习的效果，而教师平时对学生自主学习过程的全面监控、到位的小班面授以及合理的考核评价体系是保证学生自主学习效果的有效手段。

园林专业复合型人才培养模式的研究与实践

2008 年北京市级教学成果二等奖
2007 年校级教学成果一等奖
主要完成人：张启翔、李雄、刘燕、杨晓东、董燕梅

一、成果产生的背景

园林是集美学、生物学、生态学、环境学和工程技术之精华，融艺术、科学和技术为一体，多学科交叉综合，服务于人居环境建设的应用专业。这决定了社会发展对人才培养的高度影响及对人才质量的高度敏感，人才培养必须与时俱进。

作为我国最早的园林专业，也是目前高等院校园林专业教学指导委员会主任单位，我校园林专业人才培养模式和教学体系一直是其它院校园林专业的主要参照体。多年来坚持党的教育方针，致力于培养满足国家和社会需要的高质量人才，始终把人才培养目标、方案及课程体系等作为教学研究和改革的重点，以高度重视、严肃而谨慎的态度对待该项工作，几十年一直未间断过。

园林专业创建伊始，根据当时我国城市绿化建设需要，明确了综合型人才培养目标，由中国农业大学和清华大学不同知识背景的教师组建了北京林业大学园林专业。综合性知识构建成为人才培养的追求。综合性、南北方实习、相关行业社会资源的充分利用成为我们坚持了五十多年的办学特色，培养了大批行业骨干，使我国园林建设上了一个台阶，对新中国的园林事业做出了贡献。

1999 年是我国普通高等教育发生重大变革的年代。本科生扩招，园林专业数量剧增；社会主义市场经济的形成，对人才质量提出了高要求；国家经济高速发展，环境建设受到高度重视，园林行业内涵不断扩展。这些对原有人才培养模式提出挑战，需要园林教育及时更新观念，做出应对。园林专业从教育思想、培养目标、培养方案、课程设置、教学内容及教学管理等方面全方位的改革成为必然选择。

在对行业发展预测和社会需求调查基础上，1999 年我们开始了新一轮人才培养方案的研究与改革实践，明确新形势下人才培养目标，探索新人才培养模式，进行课程建设和改革。教学实践和毕业生信息反馈表明，这种人才基本符合社会需求。之后的研究和实践得到 2005 年北京林业大学精品专业建设项目和 2006 年北京市高等学校教育教学改革立项支持，成果得以进一步提炼、固化和实践检验。

二、主要成果

在广泛调研及实践检验基础上，明确提出园林专业人才培养目标为"从事园林植物繁

育、养护管理与应用、城乡各类园林绿地的规划与设计、园林施工组织与管理等方面的高级复合型科学技术人才。与以前"高级综合型科学技术人才"培养目标以构建综合知识为核心不同，新培养目标中的复合型人才强调知识、能力以及素质三方面的有机融合。综合性知识构建一直是我们的专业特色，需要继续发扬光大；园林专业独特的专业技能和创新能力的培养是教学改革的核心；以社会责任感、合作、沟通、包容精神和审美能力为重点的综合素质培养是教学改革的重要内容。在此目标指导下研究、探索、实践，建立了复合型人才培养方案。

1. 研究和制定了园林专业复合型人才培养模式

复合型人才培养模式探索历经近十年的系列教学改革研究和实践；召开各种中国园林教育发展研讨会二十余次，广泛听取意见和建议；跟踪毕业生工作情况和用人单位意见征集；调研收集国内外园林专业人才培养方案进行解剖分析。提出了"两翼并重，两渠相融，两阵贯穿"的新人才培养模式。

研究认为随着时代变化，高等教育思想和教育观念必须转变，过去狭窄的专才教育目标，即以构建知识体系为主的灌输式教育已不能适应新世纪人才需求。面对二十一世纪，复合型人才才能满足社会需求。

园林本科教育在知识、能力和素质培养方面密切结合，宽基础宽口径与专业技能上密切结合。通过研究与实践"宽基础、宽口径、高素质、高能力"的培养原则，明确了园林本科教学中需要注意的问题：①"宽基础、宽口径"不等同于增设多门不同领域的基础课程；②"高素质"教育不等同于简单的文理课程渗透；③"高能力"培养不等同于简单加大实践课时量和多动手。④避免过量的基础课和人文课冲击专业教育，学生提早进入专业课学习，有利于发挥园林教学规律，同时还可避免后期专业课学习与考研、就业活动矛盾冲突等导致专业基本知识与技能培养的弱化，毕业后"缓苗期"延长；⑤应该充分发挥园林多学科交叉的专业特点，以专业技能培养和专业社会实践拉动高能力和高素质培养；⑥要强调园林专业技能，作为应用专业，技能在专业中占重要地位。由于我国人才培养结构还不尽完善，社会和行业对本科生专业技能的要求非常高，在未来相当一段时间内，本科生人才不仅要有很好的知识结构和高度综合的素质，还必须具有很强的专业技能才能胜任工作。

研究、分析并明确了国外园林教育的可借鉴点和我国园林专业的特点。结果表明国外有相似的专业，但是培养目标不同。国际上相关专业培养目标和方案呈现多样化，有以设计为主结合植物的，也有仅规划设计的，培养模式因校而异，没有现成模板可以拷贝。可供借鉴的是：①人才培养模式和方案、课程体系和内容各具特色，都是围绕本国具体建设和保护问题而定；②注重专业技能的培养，设有大量与社会活动密切结合的实践课程；③宽基础强调的是与专业相关领域的新知识的拓展，方向明确。我国的园林专业应该坚持从我国实际情况出发，培养园林建设需要人才的指导思想，制定植物和规划设计密切结合的综合培养方案，几十年的教学和社会检验也证明这是成功的。我国园林专业过去多设置在农林类院校，培养方案相似，但是随着1999年本科扩招，许多工科类、艺术类和专类院校也增设了园林专业，多以规划设计为主，园林人才培养模式和方案开始出现多元化。本着对国家和学生负责的态度，更需要深入探讨人才培养问题。

在上述研究分析基础上，我们提出了复合型人才培养模式制定的原则：①兼顾社会和行业当前以及未来对人才的发展需求，坚持综合性，即科学、艺术、技术的高度综合，植物和规划设计知识及技能并重。②强化专业知识和专业技能培养，整合构建新的课程体系，补充专业知识和技能训练环节，进一步加强实践课程体系，提早进入专业课学习。③发挥专业多学科交叉优势，注重人才的综合素质培养，以专业培养带动文理渗透、宽知识面和综合素质培养，注重培养学生的创新能力。

在此原则下，制定了"两翼并重，两渠相融，两阵贯穿"的人才培养模式。即课堂教学和实践教学两翼并重，构建综合性专业知识，培养专业技能，提高学生运用理论知识进行园林艺术创作和规划设计的能力；毕业设计和南方实习两条综合性培养渠道相互交融，重点培养学生综合运用所学知识和技能独立解决实际问题的能力；第一课堂教学和第二课堂素质教育两个阵地贯穿整个教学实践过程始终，通过各种设计竞赛、名师讲堂、社团活动、社会实践以及就业实习等环节加强学生综合素质和创新能力的培养。

2. 研究构建了新人才培养模式实施的新课程体系

通过重新构建课程体系搭建了新人才培养模式运行平台。新课程体系由理论课程、实践课程和第二课堂素质教育三大课程体系构成，三者紧密结合。

（1）理论课程体系：根据当前园林事业和园林教育发展的趋势，参考国外园林专业理论课程体系，对现行的课程体系进行调整、补充和完善，构建了"基础宽厚、主线分明"的理论课程体系，包括学校开设的公共基础和园林专业课两大类。明确提出园林专业的专业理论课程由"艺术、植物、设计"三条主线贯穿于整个教学环节，保证专业综合知识构建。

理论课程体系重要举措是追求知识传授和技能培养的密切结合，整合了原来设计初步、画法几何、制图基础等课程，新开了色彩基础、造型基础、设计表现技法课程，密切了美术教学与专业设计技能培养的衔接。整合植物种植设计和园林花卉应用设计，开设园林植物景观设计课，提高学生运用园林植物和生态园林建设的能力。

（2）实践课程体系：新的课程体系重要变革是通过产、学、研结合的教学方式，建立了完整的专业实践课程体系。由过去加深理论知识理解的单一目标转变为理论联系实际、专业技能训练、学生动手能力、综合分析问题和解决问题能力培养的多种目的；增加了课时量，由原来的理论课程实习和实验课扩展到由理论课的实验和实习内容、实验课、实习课、综合实习、科研训练、毕业论文（设计）等多个实践环节构成的系列课程体系。

借鉴国外人才培养的思路，新开设了园林植物基础和园林综合设计 studio 课。园林植物基础课开设于一年级，以引导学生对园林和生命的感性认识和对园林植物的正确理解，培养学生观察和审美的能力，加强对园林植物的认知能力。园林综合 studio 延续四年，结合专业课进展，设置了不同的教学主题，目的是让学生尽早关注专业领域，培养学生的设计思维和创作能力，作为培养创新人才的主要举措。

（3）第二课堂素质教育课程体系：以密切接触了解社会、专业实践等为主要内容的"第二课堂"是新课程体系的另一重举，作为培养学生的综合素质和创新能力的重要途径。贯彻以专业教学促进素质教育，避免素质教育成为人文类课程简单集合的人才培养思路，首次将"第二课堂"教育提升到本科课程体系的高度，构建了一套与"第一课堂"各个教学阶段相配套的素质教育课程体系，各门课程成绩同样记入总学分。园林讲堂，每年组织 50 余场讲座，邀请国内外相关专家学者传授行业新知识新技术及热点问题，拓宽学生专业视野、及时了解行业动态。设计竞赛，要求学生本科期间至少参加一次国内外园林设计竞赛，学院选派相关教师进行辅导。就业实践，学院与北京植物园、北京东方园林股份有限公司、上海市园林设计院、天津方正园林建设监理中心等34家教学实习与就业实践基地建立了长期的就业实践合作关系，为学生理论联系实际、提前熟悉行业提供平台。丰富多彩的社团文化活动（Action园林设计协会、插花协会、科技协会等）和大学生寒暑期社会实践活动作为培养大学生了解社会、提高社会责任感、提高综合素质的重要补充。

3. 制定了新课程体系全部专业类课程新教学大纲

为了保证新课程体系的实施，教师们深入研讨并编写和修订了学院开设的39门必修课和20门专业选修课的教学大纲，形成了园林专业全套59门专业课程的新教学大纲。

在教学大纲的编写和修订中，立足于行业发展现状和未来需求预测，借鉴国外发达国家相关课程，在继承和提炼已有优秀成果基础上，注意结合和应用本课程已有的教学研究成果，保证教学内容的实用性和前瞻性相结合，传授知识和培养创新思维及专业能力并重。

4. 建设了一批示范课程和主要课程教材

在复合型新人才培养模式探索过程中，对主要课程进行了教学改革、课程建设和教材建设，带动了教学立项研究。开设的主要专业课程有全套教学文件、课件和教材，以保证特色课程的可延续性和继承性；通过教改立项和教学管理手段结合，促进课程不断更新内容，改进教学方法，探讨多种手段结合、以求实效的教学手段。

采用精品课程建设带动同类课程建设的思路收到良好效果，完成了15门重点课程建设；目前园林专业有国家级精品课程1门、北京市3门、校级5门，双语专业课1门；1999年以后教改立项省部级以上6项，校级20项；获国家级、省部级教学成果奖5项，校级教学成果奖10余项，近五年发表教学相关论文27篇。

开展教材建设，积极组织教师将教学成果物化，鼓励和支持教材编写和修订。已出版《园林设计》、《园林工程》、《园林花卉学》等全国园林专业统编教材15部，其中2部被评为北京市精品教材，3部被评为中国林学会优秀教材，17部教材被列入国家"十一五"规划教材，正在陆续出版中。

5. 形成了人才培养模式运行的教学管理保障机制

研究建立了与新人才培养模式、教学计划和课程体系相适应的教学管理体系，以保证新人才培养模式运行和后续课程教学改革及建设的顺利进行。

建立了教学工作责任制和教学质量监控体系，有完善的教师教学质量评价制度、新任教师试讲制、学生学习质量评价、毕业生质量跟踪制度、教学信息反馈制度，由听课制度、试卷抽查和质量分析、毕业设计（论文）抽查、考试管理、学生评教、教师评教、教师评学等多个环节构成；建立了教学文件、档案管理制度，各类教学档案齐全、管理严格，配有电子版，方便查阅；完善了教研室职责，责权明确、内容具体，对提高教学管理工作效率、教师整体业务水平和教学质量起到重要作用。

6. 提出了农林类院校全国园林专业指导性教学计划方案

对历经十年的园林教学研究和实践进行总结，在不断的实践检验和反复修正中提炼出成熟成果，形成了全新的人才培养模式、培养方案、教学计划、教学大纲。提出了园林专业建设规范指导和教学指导方案，以供国内其他园林专业教学参考，带动我国园林教育发展。

三、成果的创新点

凝练十年的研究与实践，形成了符和社会需求、可操作性强、效果良好的一整套新人才培养模式及其实施平台和保障机制。

1. 提出"两翼并重，两渠相融，两阵贯穿"复合型人才培养模式

强调知识、能力和素质同步发展，科学、技术与艺术融合的人才培养目标，注重综合知识构建、专业技能和创新能力训练，社会责任感和专业素质培养并重。

2. 搭建完整的新人才培养模式运行平台

第二课堂素质教育首次提升到课程体系高度，与理论教学、实践教学共同组成各有分工、相互交叉、紧密结合的新课程体系；编写 59 门专业课程的教学大纲；新编出版 28 门主要课程教材。

3. 创建配套的教学管理保障运行机制

围绕师资质量、教学过程、教学效果评价、毕业生质量跟踪等环节，建立各种管理制度、监控体系及评价反馈机制，由教师、学生、督导、教学管理人员共同参与，实现模式运行的监控、评价和有效管理。

四、研究成果的推广应用及效果分析

1. 学生专业水平和就业竞争力显著提高

学生参加国内外园林设计竞赛获奖人数和获奖级别在同类院校园林专业中首屈一指，获得联合国教科文组织的国际风景园林设计大赛（IFLA）金奖 2 项，国内重要设计竞赛获奖 40 余项；学生考研人数一直稳中有升，读研率达到 20% 左右；社会对毕业学生的满意度高，本专业历年平均就业率均在 95% 以上；学院追踪调查反馈信息表明，用人单位无论亲身经历还是业界传诵，普遍对学生业务能力、品德素养、交际能力、综合素质等评价较高；用人单位对毕业生思想品德、敬业精神、工作态度、专业知识、工作能力、创新能力的综合评价反映满意及比较满意为 90%。

2. 培养模式被广泛借鉴

成果得到广泛认可，在中国园林教育大会上多次作为主题报告向其它院校介绍经验；构建的人才培养模式和课程体系被东北林业大学、华中农业大学、河北农业大学等 60 余所院校广泛借鉴。

3. 主编教材应用广泛

据不完全统计，被评为北京市精品教材的《盆景学》已印刷 9 次，5 万余册，《园林花卉学》印刷 7 次，3 万余册；《园林设计》印刷 5 次，3 万余册，其它教材也多次印刷。

4. 引导园林教育发展方向

编写的园林专业建设规范和指导性教学计划方案对高等学校园林本科教育的方向定位、培养方式和课程体系建设等方面具有重要的引导作用。

5. 促进了教师队伍的建设和教师水平的不断提高

新人才培养模式对教师的业务能力和科研素质提出了更高要求，也促进了师资队伍的建设和发展。1999 年以来教师承担国家"863"、国家攻关、国家转基因专项、国家自然基金、国家林业局重点项目、"948"引进项目、创新项目、规划设计项目等 300 余项，获奖 45 个，是园林教学和科研成果获得最多单位。

我校园林专业具有全国园林教育领域最强师资队伍，由院士、国家级有突出贡献专家、博士生导师为核心的学术水平高、年龄和学历结构合理的教师队伍。是园林专业高等教育教学指导委员会和高等院校园林专业通用教材编写指导委员会的主任委员单位；设有全国唯一的国家花卉工程技术研究中心及国际梅花品种登录中心；在本领域内全国影响力最大，有多位专家在国际和国内该领域重要组织中担任重要职位。2008 年被评为北京市和国家级优秀教学团队。

研究性教学在当代心理学教学实践中的探索性研究

2008 年北京市级教学成果二等奖
2007 年校级教学成果一等奖

主要完成人：朱建军、訾非、雷秀雅、王明怡、吴建平

一、背景研究

所谓研究性教学，是指在教学过程中创设一种类似研究的情境或途径，使学生在学科学习中(或结合其他学科)选择并确定学习的内容，自己动手收集、分析、判断大量的信息材料，进行积极的探索、发现和体验的一种教学模式。通过研究性学习，学生可以自觉激发内部学习动机，在探索求知的学习过程中，将外在知识转化为内在经验，从而增进学生的思考能力、分析能力和动手能力。

心理学的发展虽然有悠久的过去，但其独立的历史却非常短暂。与数学、物理学、化学、生物学等成熟的学科相比，心理学尚属于新生学科。与心理学的发展现状相比，由于我国正处于快速发展期，社会竞争激烈，人们的心理压力普遍较大，对心理健康的关注程度也越来越高，越来越多的企业把心理学人才引进管理中，正在发展的公关咨询业和培训业对心理学人才需求也很大，心理学专业人才在中国就业前景十分看好。在这种形势下，我国高校纷纷成立心理学专业，目前全国有 300 多所高校建立了心理学系和心理学专业，在校学习心理学的大学生、研究生近万人。但是，与社会对心理学人才的需要相比，能够满足社会需要的心理学人才培养体系尚待完善，同时，心理学教学内容与教学方式应适应社会的快速发展与需求。关于心理学教学改革的呼声很高，实践也颇多，其中也不乏优秀教学成果。但是，由于各学校的专业特点和培养方向的差异，因此，结合本校的实际，实施行之有效的教学改革，是我国心理学专业所面临的共同任务。

北京林业大学心理系成立于 2002 年 1 月，下属于人文社会科学学院。现有心理学专业本科学生近 350 人。主要培养目标是理论和应用能力并重的人才，以心理咨询与治疗的应用为重点。心理系毕业生不仅需要具备心理学的知识，更应该有较高的心理健康水平和心理素质。他们的人际交往能力、情绪调节能力、自信心等都应当得到训练。

为了达到上述培养目的，心理系于 2004 年 9 月开始计划将研究性教学运用到心理学教学中，把研究性教学在当代心理学教学实践中的探索性研究这一课题置于我系发展的核心地位。

该课题研究的创新之处在于，第一，研究成果具有系统性与完整性：课题从心理学研究

性教学的社会背景与理论基础、我系研究性教学的环境与空间、研究性教学的要素及相互关系、研究性教学的目标与评价等维度展开探索研究，具有较强的系统性与完整性。第二，研究成果具有普适性与推广性：课题以建构具有我系特色的、完整的研究性教学实践模式为显性目标，其成果有较强的可推广性。

本课题研究的价值即必要性在于，一则为素质教育理论研究的深入开展提供新的视角，二则丰富和发展心理学教学理论，三则促进心理学教学模式多样化，四则使我系在现实教学中尽量避免陷入封闭僵化的教学模式，达到培养有创新意识人才的目标。

二、课题研究的技术路线

"研究性教学"以问题情景为先导、以小组合作讨论为主要活动形式、以思维过程的展示为重点，重视对研究结果的反思。因此，我们在教学改革中主要探索技术路线如下：

首先，传承优良传统勇于出新。在继承传统教学优良模式的基础上，结合心理学的教学特点及规律，积极探索适合我校心理系教学的新方法、新途径。

其次，教学研讨会制度。为了促进心理学教学的严谨性和实效性，我们确立了课堂教学研讨会制度。在实施研究性教学中我们把教学效果的反思作为我们改革的重要环节，针对每个老师的教学特点及课程设置要求，定期召开课堂教学研究会，这对于我们的研究教学有着极大促进作用。

再次，特色研究性教学改革。通过组织本科学生研究小组，让学生参与到教学改革研究中来。尝试各种研究性教学方法。学生在研究过程中也取得了一些经验和成果。

研究紧紧围绕教学改革和人才培养，几个子课题有机结合，层层推进，整个教学改革研究课题的最终目标是围绕应用型、创新型人才的培养。通过近几年的不断改善教学实践，北京林业大学心理系已经形成一个富有活力的研究团队和研究体系。

三、实施情况

1. 在遵循传统心理教学模式基础上实施改革

通过承担学校的教改课题，对当前教学实践中存在的问题进行深入研究，探索可能的解决方案。各位教师结合各自学科进行教学改革研究，陆续形成一批教改成果。在此基础上，探讨教学计划的修订，以此来体现教学改革实践的经验总结。根据教学改革研究，发现2002版教学计划中某些内容需要更新，某些内容的表现形式和呈现方式应该修订，故结合学校要求进行了修订。随着招生规模的扩大和教学要求的提高，实验条件需要改善。在校院领导支持下，实验室建设方面取得了长足的进步。

（1）教改课题及成果。自心理系成立以来，教师申请完成北京林业大学教学改革研究项目及北京林业大学优秀中青年教师教学资助项目共8项，见表1。

表1　心理系 2004～2008 年主要教改课题

主持人	课题名称	课题所属	时间
朱建军	心理学专业建设中教学改革的总体研究与实践	北京林业大学教改项目	2003～2006 年
丁新华	意象对话技术在心理学专业学生自我成长培训中的探索	北京林业大学教改项目	2005～2008 年
訾非、王明怡	研究性教学方法在心理学部分课程中的应用	北京林业大学教改项目	2006～2009 年
田浩	心理学核心课程体系的建设	北京林业大学优秀中青年教师教学资助项目	2007 年
心理系	心理学专业可持续发展研究	北京林业大学教改项目	2008～2010 年
雷秀雅　王广新	心理系本科生中推行导师制的研究与实践	北京林业大学教改项目	2008～2010 年
李明	《人本主义心理咨询》双语教学的研究与实践	北京林业大学教改项目	2008～2010 年
田浩	心理学史课程教学方法研究与实践	北京林业大学教改项目	2008～2010 年

4 年间，我系完成教学改革论文数十篇。这里将主要论文 7 篇列出，见表2。

表2　2004～2008 心理系主要教学改革论文发表状况

作者	论文题目	刊物	出版社	时间
田浩	心理学史课程教学改革思考	赣南师范学院学报	赣南师范学院出版社	2008
方刚	大学性教育模式的思考——禁欲型性教育与综合型性教育之辩	中国青年研究		2008
訾非	双线模式教学法在大学本科《人格心理学》教学中的应用	现代学术研究杂志	美国教育科技出版社	2007
王明怡	心理学研究方法课程的研究型实践教学探索	北京林业大学教学改革研究论文集	中国林业出版社	2007
雷秀雅	实验心理学课程教学研究与实践	北京林业大学教学改革研究论文集	中国林业出版社	2007
方刚	女性主义教学理念的应用——一次社会性别参与教学的实验与体会	暨南学报	暨南大学出版社	2005
吴建平	多媒体课件制作与多媒体教学方法的研究	学科教育	北京师范大学主办	2004

根据研究性教学的需要，4 年间，我系教师主编完成教学改革教材 4 部，具体见表3。

表3　2004～2008 年心理系教学改革教材编制状况

作者	书名	出版社	出版时间
朱建军	意象对话心理治疗	北京大学医学出版社	2006
朱建军	释梦理论与实践	原子能出版社	2007
吴建平	社会心理学	中国农业大学出版社	2005
朱建军	大学生心理健康	中国农业大学出版社	2004

教学改革实施效果：

我系教师制作的教学课件在学校课件审查中通过率为 100%（不包含外聘教师）。

吴建平获北京林业大学第五届青年教师教学基本功比赛优秀奖；王明怡获北京林业大学第六届青年教师教学基本功比赛优秀奖。

（2）新教学计划的修订——凸显研究性教学和有创新意识型人才培养的理念。在实施教学改革的过程中，原有教学计划的不足逐渐地被暴露出来。修订计划迫在眉睫。2007年7月，完成新教学计划的修订工作，2007年9月新计划从心理07级学生开始全面实施。

心理学专业本科培养方式包括课堂教学、实践教学、毕业论文、第二课堂素质教育、讲座、社团活动等。培养方式应灵活多样，专业教育和素质教育相结合，知识教授与能力培养相结合。充分发挥教师主导、学生主体的作用，尊重学生个性发展，建立和完善有利于学生健康成长的培养机制。在培养过程中逐步推行研究性教学，发挥学生的主动性和自觉性，更多地采用启发式、研讨式教学方式，加强对学生自学能力、动手能力、表达能力和写作能力的训练和培养，加强学生创新素质的实践训练。

（3）创新型实验室的建设。实验室是学生进行创新活动的重要场所和载体，建设创新型实验室对于提升学生的专业素质和创新能力具有十分重要的意义。心理学实验室自2003年初建成以来，积极探索建设具有心理学专业特色的创新型实验室，为研究性教学的开展以及创新型人才的培养构建了越来越宽广的平台。

开放管理制度的建设：

心理学实验室自建成后不久，就开始逐步实行开放管理制度。在保证完成教学任务的基础上，面向心理系本科生、研究生和教师全天开放，鼓励自主实验。在2004～2007年的三年里，心理学实验室承担了除正常教学以外的特殊儿童心理干预、心理咨询、催眠技术实践、意象对话技术实践、心理成长小组、心理咨询师督导活动、人际交往训练、新生心理筛查访谈等多种形式的实验实践活动，年开放学时平均达400学时以上，为学生的研究实践活动提供了舞台。

心理模拟实验室的建设：

自2007年起，在学校的大力支持下，实验室利用教育部修购专项近百万元的资金集中开展了"心理模拟实验室"的重点建设工作。

心理模拟实验室的实验活动主要采用虚拟模拟、沙盘模拟、模型展示、多媒体演示等多种方式开展，主要包括以下三个方面的内容：①认知模拟，即对包括人的感知觉过程、思维加工、问题解决和推理决策等内部过程的模拟；②情绪情感模拟，涉及从基本情绪情感到心理咨询与治疗的多个层面；③环境与生态心理学模拟，这是我系在应用心理学方向上具有鲜明特色的一个领域。

目前，心理模拟实验室已经引进虚拟现实系统、E-Prime心理实验平台等一系列模拟设备。其中，虚拟现实系统是目前国内外领先的虚拟模拟设备，借助这套系统，可以通过计算机技术生成一个逼真的、具有视觉、听觉、触觉等多感知的虚拟环境，同虚拟环境进行互动，身临其境地与之进行交互仿真和信息交流，实现对研究对象心理状态与特征的考察。使用这套系统对环境与生态心理学进行研究在国内心理学界尚属空白，它为本科生的创新实验活动构建了一个高水准的平台。

2. 加大教学严谨性及实效性的改革措施——确立教学研讨会制度

根据研究性教学在心理学教学过程中的核心地位，全体专业课教师在自己所承担的各门专业课教学中达成共识，积极探索研究性教学在教学实践中的应用方法，定期交流经验。

2005 年 9 月开始每月一次教学经验交流会，即实施课堂教学研讨会制度。同时还组织教师间的教学观摩。迄今为止，共举办课堂教学研讨会 26 次，教师间教学观摩人均年 2 次以上。教学交流达到了预期的效果。

课堂教学研讨会制度的目的：

教学研讨会制度不同于一般的集体备课，它主要是根据任课教师自身的特点，集合集体的智慧与学生的实际需要，达到最大限度的发挥该教师的特长，最大限度的满足学生的实际需要的目的。它也不同于一般的教学信息反馈会议，它不是对教师课堂教学的评估，而是具体课堂教学的研讨。因为它不仅能避免评估给教师带来的压力，而且在相互学习的氛围中促进主讲教师和其他教师的课堂教学能力。

具体操作：

时间：1 次/月　　参加人：全系教师及学生（学生自愿参加）　　主持人：系主任或副主任

会议内容：

第一步，根据教学安排确定课堂教学研讨课题及相关教师

第二步，主讲教师陈述研讨课题的教学设计

第三步，参会教师和学生讨论，提出合理性建设，完善教学方案。

课堂教学研讨会制度实施以来，得到学院的支持，大大提高了教师的教学能力。现在，课堂教学研讨会制度已经由心理系扩大到人文学院，并且经常有其他学院的师生参加。

3. 特色研究性教学改革——建立本科生研究实践小组制度

（1）本科生研究实践小组制度的建立。本科生研究实践小组制度的建立与实施是我系在实施研究性教学改革中的一个创新。这一制度的实施使研究性教学改革得以飞跃。研究实践小组制度是在美国、日本、澳大利亚等国的大学里普遍实施的指导研究生和本科生从事研究和实践的教学制度。此制度的建立与实施必须具备两个条件。一是实力较强的师资力量。二是学生的科研潜质及研究欲望。我系师资力量较强，共有教师 12 名，全部为博士毕业及博士在读，其中两名教师在国外取得博士学位，完全具备指导本科生从事研究实践的能力。我校心理系本科生在基础知识和科研、实践动机方面都等于或优于国外的本科生。因此，我系完全具备成立本科生研究实践小组的条件。2007 年 1 月开始，我校心理系率先在全国高校心理学系实施了本科生研究实践小组教学制度。此制度的建立得到了学校和学院的认可和支持，经过一年多的实践，经学校批准，该制度已经正式纳入新版教学大纲。

（2）本科生研究实践小组的实施。北京林业大学心理系目前共设本科生研究实践小组12 个：

朱建军研究实践小组，研究方向：意象对话。

雷秀雅研究实践小组，研究方向：特殊儿童教育；老年心理学。

吴建平研究实践小组，研究方向：社会心理学；环境心理学。

訾非研究实践小组，研究方向：人格心理学；完美主义。

李建平研究实践小组，研究方向：躯体疾病心理分析。

丁新华研究实践小组，研究方向：学校心理辅导与团体心理咨询。

王广新研究实践小组，研究方向：犯罪心理学。

王明怡研究实践小组，研究方向：认知心理学。

田浩研究实践小组，研究方向：本土化心理学。

方刚研究实践小组，研究方向：性别心理学。

刘洋研究实践小组，研究方向：管理心理学。

李明研究实践小组，研究方向：文化心理学研究小组。

具体实施：

研究实践小组的具体运作由各位教师根据自己的实际情况来进行。大致的原则和框架如下：

①每个教师给出自己的实践小组的名称及大致工作，小组的成员由教师和学生双向选择。成员以二、三年级学生为主，允许一年级同学以旁听的身份参与。

②每个小组不超过 10 人（不算一年级旁听生）。因具体人数尚未有精确的估计，此项有待进一步讨论。

③研究－实践小组 2007 年 1 月建立，作为新版教学大纲的"本科生研究实践小组"课程的试验。学生没有法定学分和学时，参加和退出自愿。指导教师和学生之间可以协议的方式规定双方的权利和义务。

④小组活动时间为两周一次，每次 1～2 小时（具体时间可根据实际情况调整）

（3）本科生研究实践小组制度的成果。我们的研究实践小组弥补了传统教学模式的不足，学生积极参与到教学实践中来。因此在专业课上学生们表现出较以前更强的参与能力。学生的积极参与彻底改变了学生是学习客体的被动局面，激发了学生的积极性和蕴含的深深的创造力。不仅如此，研究实践小组的实施，大大地调动了学生参与社会实践的积极性和主动性，也取得了优异的成绩。

指导本科生论文发表状况及获奖状况：

03 级学生杨阳《关于自闭症儿童自伤行为的研究》，西安文理学院学报，2007 年第 4 期

02 级学生刘萍《中国环境心理学的发展历史与研究现状》，《赣南师范学院学报》，2007 年第 1 期。

02 级学生王婧在《中国健康心理学杂志》上发表研究论文"高中生完美主义与人格障碍倾向的相关研究"（2007.10）。

04 级学生何洁"他用生命点燃激情"《心生活》杂志（2007.10）。

05 级学生瞿玥涵，陈晓庆，孙俊栾．流动儿童人格特质与应对方式研究[J]．中小学管理，2008（5）。

05 级学生振、乔婉露、杨帆、秦耀帮同学的论文"大学新生角色转换与自我同一性状态的相关研究"首都大学生课外学术科技作品竞赛二等奖。

05 级学生汤沛、梁熙、刘愫的论文"大学生心理控制源与生活习惯的相关研究"获第四届"挑战杯"首都大学生课外学术科技作品竞赛二等奖。

05 级学生杨振、乔婉露、杨帆、秦耀帮同学的论文"大学新生角色转换与自我同一性状态的相关研究"获北京林业大学第五届"梁希杯"课外学术科技作品竞赛一等奖。

05 级学生汤沛、梁熙、刘愫的论文"大学生心理控制源与生活习惯的相关研究"获北京林业大学第五届"梁希杯"课外学术科技作品竞赛一等奖。

05 级学生彭义生等六名同学《走近自闭症儿童》获北京林业大学 2007 年校级社会实践论文一等奖。

05 级学生崔晓婧同学《有关五彩鹿儿童康复训练中心的实习报告》获北京林业大学 2007

年校级社会实践论文二等奖。

05 级学生赵漫同学《走近自闭症儿童暑期社会实践》获北京林业大学 2007 年校级社会实践论文二等奖。

04 级学生的《年少不能承受之轻》获得北京林业大学校级实践论文一等奖。

04 级学生的《浅议未成年人涉毒犯罪原因》，《概说青少年毒品犯罪构成》获得北京林业大学校级实践论文二等奖。

04 级学生《希望在转角》获得北京林业大学校级实践论文二等奖。

04 级学生的《年少不能承受之轻个人论文》获得北京林业大学校级实践论文三等奖。

指导学生创新性研究立项

国家大学生创新性实验计划立项(4 项)：

05 级学生张强、王昕同学的《北京市农民工子女心理健康状况的调查研究》(GCS07037)。

05 级学生秦耀帮同学的小鼠博弈与学习行为的实验研究(GCS07038)。

05 级学生林青、张娥、余继云同学的《选秀节目对于青少年的影响》(GCS07039)。

04 学生李悦同学的《当代大学生人格档案初探》(GCS07040)。

北京林业大学大学生科研训练计划项目

04 级学生何玉蓉、罗盘"儿童朴素物理理论的发展研究"(批准号：200707001)。

我们研究实践小组的教学效果也在本科生推免研究生中得到体现，近几年来我们具有推免研究生资格的毕业生，因突出的研究能力多位同学被北大、北师大及中科院心理所等国内一流心理学专业录取。

我系教师雷秀雅、王广新获北京林业大学 2007 年社会实践工作优秀指导老师。

总结语

北京林业大学心理系大力开展教学改革实践，围绕研究性教学等主题申请和完成了多项校级教学改革项目，在教学实践中取得了很好的应用效果，得到了广大同学的普遍好评。其次，突出有创新意识人才的培养，在教学中积极渗透创新、创造的教学理念，借鉴国外先进教学经验，率先引入本科生研究实践小组制度，对本科生拓展学识基础和专业视野起到了良好的促进作用，受到了学生的欢迎。第三，实验室建设方面也取得了可喜成绩。实验室设备不断扩充并日益精良，除了让课程教学更加丰富外，也使得实验室具备了更多的科研功能和社会服务功能。第四，不断根据教学情况修订教学计划，调整课程开课学期和学时，并不断整合各门课程知识点设置，保证了专业课程群的整体性和贯通性。

高等林业院校"机、电类专业创新型人才培养体系"的研究与实践

2008 年北京市级教学成果二等奖

2007 年校级教学成果一等奖

主要完成人：钱桦、赵东、撒潮、陈劭、张健

一、背景研究

北京林业大学是以林业、生态环境为特色的大学，机电类专业规模相对较小，除机械外，交通工程、自动化等均为新办专业，基础较薄弱。因此，在非工科类为特色的学校，如何学习先进经验，结合自身特点，实现工科专业的快速发展，提高人才培养质量，是值得探索的问题。在此背景下，2003 年我们开展了"构建机电类专业创新型人才培养体系"的研究与实践。

二、改革思路

北京林业大学是"211"重点大学，积淀深厚，办学经验丰富，学校定位为建设多科性研究型大学，对工科专业建设形成了强有力的支撑。我校机械专业的前身是始于 1958 年的"林业与木工机械"专业，50 年来，在林业工程与技术装备的研发、人才培养方面积累了丰富的经验，现有博士后流动站 1 个，博士点 2 个、硕士点 6 个，学科专业优势明显。

随着森林利用、生态保护、木材综合利用及生物质能源开发等领域的快速发展，对高新技术、高性能机电装备的需求也日益增加。

结合自身优势和行业发展需要，通过研究和分析，我们确立了"强化基础、拓宽专业；重视实践、体现创新；整体优化、协调发展；服务行业、彰显特色"的改革与建设思路，构建机电类专业创新型人才培养体系。

三、改革措施

按照改革思路，主要实施 4 大改革措施：

1. 把优势专业做强

"机械设计制造及其自动化"专业列为校级重点建设专业予以建设。总结机械专业 50 年的经验，在学科专业建设、课程体系优化、实践环节创新等方面深入进行改革，以起到龙头作用、示范作用和对新办专业的支撑作用。

2. 积极开展新办专业建设研究

先后立项一系列新办专业建设的教学研究项目，坚持"边研究、边实践、边总结，边建设"。

3. 集中优势，建设平台

工科专业规模虽小，但是集中在工学院，又有机械专业为"龙头"，便于集中优势，整合资源进行建设。着力从学院层面进行"整体优化、协调发展"，构建机、电课程教学平台、实践教学平台。从学院层面统一规划并进行实验室建设，实现跨越式发展。建立中心实验室管理体制，强化管理，整合资源，实现共享，全面开放，为专业建设和学生创新能力培养提供保障。

4. 引入科技竞赛机制，构建创新教育模式和机制

引入科技竞赛机制，使得课堂教学得以延伸，强化学生解决问题的能力。并逐步形成有效的创新教育模式和机制。

四、实施情况

1. 强化基础、拓宽专业

机电类专业是通用型专业，人才培养应立足行业，面向社会。因此，通过机械和交通工程、自动化和电气工程基础课程打通；基础课程选用国家优秀教材；并建设"材料力学"、"机械设计"、"工程材料及成型技术"和"控制工程与理论"等基础课程为主的校级精品课程等一系列措施强化基础教学。同时注重机电融合，拓宽专业，教学体系中各专业均有工程训练和电子工艺实习，机类专业设有机电一体化系列课程，电类专业设有机械基础、数控技术等课程。

2. 重视实践、体现创新

机电类专业讲求工程实践能力的培养。2007 版教学计划中各专业总学时均控制在 2500以内，但教学实习和课程设计等较 02 版都有较大增加，机械增加 45%，交通和自动化专业增加 30%。

"机械设计"、"机电一体化设计"和"微机控制技术"等课程都采用了小组学习，进阶式设计，开放实验环境等方式进行研究性教学模式的探索。"机械设计"在北京市级教研课题支持下以若干小组来完成学习任务的模式组织教学。机械 03 级薛辉小组设计的"多功能拐杖"首次参加了北京市"机构创新设计大赛"，获得三等奖。机械 06 级，教师提出"运用连杆机构书写北京林业大学校名"题目，学生又提出了"雨伞中机构的妙用"、"火车餐桌的改进"、"煤气灶点火保护装置""多功能机械式扫雪车"和"无动力落叶清扫机"等丰富多彩的题目。其中"多功能机械式扫雪车"和"煤气灶点火保护装置设计"小组继续了他们的研究，参加了 2008 年的机构创新设计大赛，分别取得北京赛区二等奖和三等奖，并已申请专利。

在"机电一体化系统"课程中，在理论教学基础上，为学生提供一组设计题目，开始是较简单的烘手机模型，要求根据工作特性进行功能分析，确定系统组成和设计方案，并选择组件搭建实现并进行实验验证，查出设计不足，修改方案。进而是较复杂的题目如压垛机模型，机械部分要求利用 MATLAB 的仿真和三维软件建立系统模型，并对其运动轨迹、速度、加速度、受力进行分析与计算；控制部分，要求考虑动作的实现及操作安全。这些内容的完成，要求学生深入调查，掌握基本理论，才能制订合理的方案，并最终通过模型验证。设计题目是由易到难进阶式，只有攻下最难题目或有优秀解决方案的才能取得优秀成绩，增加了成绩评定的区分度；学习形式是小组式，只有攻下最难题目或有优秀解决方案的小组才能取得优秀成绩，激励了学生的竞争心理，激发了创造性，许多优秀学生脱颖而出，机械03的盛柏林等同学还将课内设计延伸为"剪草机器人"项目继续开展，并取得了2007年北京市"挑战杯"三等奖的好成绩。

在实验教学中加大了综合性实验的开展，如"材料力学"实验中开展了主应力测定、铝钢复合叠梁应力分布测定等综合性实验，由学生各小组自行设计应变片的布置、进行粘贴、测试，数据分析，通过粘贴应变片增加了实验动手环节和难度，提高了数据的可分析性，增强了实验的综合性和设计性。积极开展具有行业特色的综合性、研究性实验如木材及生物质材料的力学性能测试、木材振动检测、草坪修剪机振动噪声检测、绿地喷灌控制系统设计与检测、包装机测绘等，扩大学生眼界，了解学科研究前沿。目前，各专业的实验教学中综合性、设计性、创新性项目占实验总数的比例80%以上。

引入科技竞赛机制，使教学内容得以综合应用和扩展，强化学生解决问题的能力。科技竞赛分为学院级和国家级，院级有"结构设计大赛"等，便于普及性教育和选拔选手，目前，工学院各类科技竞赛有约60%的同学参与其中。同时，瞄准"机构创新设计大赛"、"电子设计大赛"和"亚太大学生机器人大赛国内选拔赛"等既结合专业又有影响的北京市（全国）大赛，鼓励学生走出校门，与许多优秀工科院校学生同场竞技开阔眼界，增强自信心和成就感。从刚开始的入门到2007年电子设计大赛一等奖1项，二等奖2项；2008年机构创新设计大赛二等奖1项，三等奖2项，申请专利2项；作为第一所林业高校参加了"2008年亚太大学生机器人大赛国内选拔赛"，进入32强。2007年来工学院学生获得大学生创新性实验计划资助的国家级15项（全校80项，占19%），校级14项，总经费近30万元。这些都证明了学生实践能力的显著增强，也表明重视实践、创新教学手段的有效性。学生科技活动已经纳入06版教学计划的创新训练课程和创新活动学分认证体制。

3. 整体优化、协调发展

机电类专业规模相对较小是我校的弱点，但是机电类专业都集中在工学院，集成性强，便于整体优化和协调发展，便于利用有限资源和资源整合共享。

"抓住龙头"，充分发挥机械专业优势，辐射新办专业。把优势专业作强，机械专业现列为校级重点建设专业予以建设。

通过学科建设，现拥有"森业工程"博士后流动站，"机械设计及理论"和"森林工程"博士点，"车辆工程"等6个硕士点。承担国家、省部级及自然科学基金等多项科研项目，总经费1000多万。机械工程系现有22人（工学院现有教师50人，占44%），其中教授6人，副教授6人，校教学名师1人。具有博士学历17人（77%），40岁以下青年教师11人（50%），构成了一支结构合理的教师队伍。为其他专业的建设提供了学科和师资支撑。

着力凝练课程体系、提高课程水平、加强实践教学。将课程体系与师资队伍建设有机结合，合力打造"机械专业－基础课程（力学、工程图学、机制基础、机械设计）校级精品课程平台和优秀教学团队，强化专业基础，也为其他专业的基础课程教学提供了保障。围绕培养目标明确主干课程，优化设置，合理衔接，精炼学时，使得2007版教学计划顺利控制在2500学时以下，强化实践教学体系，引入学生科技活动和毕业设计与科研、工程项目紧密结合等举措，率先实现了实验、实习课程、创造训练等按教学体系单列。同时在毕业设计选题、中期检查、答辩制度等方面制订了一系列监控措施，保证质量，为完善学校毕业设计的管理体系提供了经验。学生毕业设计题目80%以上是涉及科研及工程项目的真题。机械专业的学生20%左右保研或考研，多名学生被保送到清华大学、浙江大学、北京航空航天大学等重点工科院校学习，学生就业率在学校名列前茅，达到93%以上。

在机械专业的示范作用下，积极开展建设新办专业研究。学校先后立项了一系列针对新办专业的教学研究项目，进一步明确定位和特色、确定人才培养方案。

始于1958年的"林机"专业，就在汽车与拖拉机的教学、实践等方面具有优势，多年来已经在林用车辆、森林火灾扑救技术和装备方面形成特色、成就显著，培养的许多学生至今活跃在汽车制造行业。因此，应借助机械专业的优势来支撑并发展交通工程专业，并应坚持林用车辆和林火扑救等研究为特色。首先是加强了对车辆工程实验室的建设，目前该实验室不仅能满足自身教学的需要，还面向社会开放，近2年来，一直承担着北京科技大学车辆工程专业的实验教学任务。其次形成具有车辆特色兼顾交通工程的教学体系。近几年来的毕业生，60%以上在国内各大汽车企业就业，如北汽福田、北京现代、比亚迪等每次都接受该专业十余名毕业生，不少现已成为技术骨干。2008年已经按照"车辆工程"专业招生，这样将更加有效的整合机械和车辆两方面的优势。

自动化专业设立于2002年，当时分别是信息学院的"楼宇自动化方向"和工学院的"工业自动化方向"，力量分散，实践条件不足。本着发挥优势，整合专业的精神，2004年整合为工学院的自动化专业。学科与师资力量明显增强，现该专业拥有2个硕士点，并承担多项省部级、自然科学基金、奥运会场馆周边草坪喷灌工程等科研项目，研究经费突破千万。现有教师14人，其中教授3人，副教授4人，其中具有博士学位5人，在职读博6人。建设校级优秀教学团队1个，精品课程1门。实验条件明显改善，在机械专业实验条件的基础上，重点建设了"电机拖动与控制"、"计算机仿真"和"过程控制"等实验室。2006年实现按照自动化专业招生，2007年依据社会发展需求在自动化专业基础上新增电器工程及其自动化专业，使得专业设置更加全面合理。

"建设平台"，从学院层面整体优化，实现大类整合。机械与车辆、自动化与电气分别共享机电两大主干课程教学平台。机械为电类专业提供机械基础课程，自动化为机类提供电类课程，相互支撑，优势互补，资源共享。从学院层面统筹实验室建设，2006年前以基础建设为主，06年后以创新型实验室建设为主，学校累计投入近2000万元，较全面的建设了基础类、专业类实验室，初步建成了大学生创新教学平台。2007年工学院学生共撰写"全国大学生科技创新项目书"28项，获得11项资助（学校共40项，占27.5%），就得益于创新平台的支持。

同时，从学院层面强化中心实验室管理体制，做到人财物统一调配和管理，实验室全天候开放。从学院层面建立学生科技活动立项管理、教研室和团学组织联动，学生综合素质评价等制度，保障专业建设和学生创新能力的培养。

"打造队伍"，2002年来，11人在职获得博士学位，现有8人继续在职攻读博士。从国内著名工科高校接受博士、博士后10人。现工学院有教师50人，其中具有博士学位的27人（54%），来自综合性工科大学40人（80%），有效地改善了学缘结构。为青年教师配备导师，刘毅、姜芳等在学校及全国力学课程教学基本功竞赛中获奖。为青年教师进修创造条件，如到北理工、北航在职攻读博士，出国或下企业进修。大胆使用青年教师，机械系主任赵东获得"霍英东青年教师奖"，2007 年晋升为教授。谭月胜博士刚来一年，就担任了实验中心副主任。林剑辉博士刚来校一年，就获得自然科学基金资助。进而强化了教学团队建设，现有机械－基础系列课程和自动化专业 2 个校级优秀教学团队。

4. 服务行业、彰显特色

紧密围绕林业工程领域对高性能机电装备的需求，大力开展科学研究。近年来获得"863"、"十一五规划"、"国家林业局 948"和"国家自然科学基金"等科研经费达到 2000 多万元，开发了森林火灾监控与扑救、生物质材料高压致密成型、灌木平茬收割、速生林自动整枝机器人、草原恢复草方格铺设机器人、森林采伐联合作业机、绿地喷灌自控系统、体育地板振动特性检测、活立木无损检测等一批具有行业领先水平的技术与装备，科研的发展对专业建设和本科教学构成了有力的支撑。连续 3 年毕业设计以林业科研为背景的题目不断增加，2008 年达到 57.9%。"喷浆式草种喷播机"、"立木整枝机总体设计"新型风力灭火机等等获得校级优秀毕业设计。

结合林业工程技术的快速发展，建设了一批特色教材，如"园林绿化机械与设备"、"草坪养护机械"、"建筑室内与家具设计人体工程学"、"木材切削原理与刀具"等。建设"林业与园林机械"校级专业精品课程。

在科学研究的支撑下，建设了内蒙古通辽、耐曼，北京大东流苗圃、绿友园林机械公司等一批专业实习基地。

具有特色的实验装置和设备如土槽实验装置、生物质材料压制成型装置、灌溉遥控监控系统，无电式节水灌溉阀门，泡沫林火扑救实验装置等都是在学生的参与下完成开发的，并继续用于实验教学和毕业设计。实验温室中就安装有三种控制模式的自动喷灌系统，供学生自主实验研究使用。由学生参与改造的力学实验机已投实验教学中。车辆工程实验室利用旧车改造的教具、改装喷油泵实验台等在实验教学中取得了良好效果。

五、取得成绩

1. 形成机电类专业创新型人才培养体系，并在各专业教学计划中全面执行

依据改革与建设思路，通过作强机械专业，带动新办专业，使得我校的"机械设计制造及自动化"专业优势明显，交通工程、自动化等新办专业依托优势在较短时间内步入正常发展轨道，发展势态良好。研究成果集中体现在 2007 版人才培养方案和教学计划中，并于2007 年开始执行。

2. 人才培养质量明显提高

学生创新能力得以显著提高，每年 20% 左右学生保研或考研，连续多年多名学生保送到清华大学、北京航空航天大学、同济大学、浙江大学等著名工科大学读研。各专业就业率在学校名列前茅，近 2 年来均达到 93%。

六、创新与推广价值

本研究与实践成果，充分结合自身特点，利用有限资源，集中优势，"抓住龙头、建设平台、重在创新"，在短时间内，实现了以老带新，各专业快速均衡发展，提升了人才培养质量，满足了行业及社会快速发展对工程技术人才的需求，走出了一条林业高校建设优质工科专业的特色道路。

以创新教育为目的，引入科技竞赛机制，构建机电类学生创新教育体系。学生培养质量显著提高。

本研究与实践成果对在非工科性质的高校中如何建设优质工科专业具有示范性作用，并且仍将在目前和今后的教学改革中发挥巨大作用，对于相关学科，相关专业也会起到积极影响，具有广泛的推广价值。

经济管理综合实验系统建设项目

2008 年北京市级教学成果二等奖

2007 年校级教学成果一等奖

主要完成人：夏自谦、田登山、颜颖、韩杏荣、陈梅生

北京林业大学经济管理综合实验中心前身是 1985 年成立的经济管理学院计算机房，1995 年建立经济管理学院综合实验室，2005 年成立北京林业大学经济管理综合实验中心，行政属于学校二级管理，经济管理学院直接领导。经过多年建设，尤其是在学校"211"工程一、二期工程支持下，已经建成了完整的、以林业经济管理为重点的，包括控制室 1 个，教学型实验室 5 个，教学科研型实验室 5 个，研究平台 6 个的经济管理综合实验系统。近年来，本中心在实验教学建设方面取得了显著成绩，现总结如下：

一、对高校实验教学重要性的再认识

随着市场对高校人才需求的变化所引起的教学指导思想的转变，实验教学在经济管理学科中越来越得到重视，而信息技术、模拟技术等新技术的发展和完善为经济管理学科实验教学的发展提供了强大驱动力。为进一步提高本科实验教学质量，本中心本着注重知识性学习向能力提升转变；从单一专业需求向多层次、多样化综合需求发展；传统的理论学习和知识传播向实践认知和能力提升转换的实验教学建设指导思想，将实验中心的建设目标定位于树立以学生为本，知识传授、能力培养、素质提高协调发展，建立有利于培养学生实践能力和创新能力的实验教学体系，建设满足现代实验教学需要的高素质实验教学队伍，建设仪器设备先进、资源共享、开放服务的实验教学环境，建立现代化的高效运行的管理机制，全面提高实验教学水平。

二、取得的成果

近年来取得的主要成果如下：

2006 年以总分第二的优异成绩被评为"北京市高等院校经济管理综合实验示范中心"；

2007 年获"北京林业大学实验教学改革成果一等奖"；

构建了支撑博士、硕士和本科实验教学的完整的实验教学体系；

开发了全国第一个"林业经济信息系统"；

（上述两项目在 2006 年学校"211"工程验收中获得"优秀"）

创新性地将 GIS 技术引入经济分析，开发了"基于 GIS 的经济分析决策辅助系统"；

2006 年成功申请"林业经济专家决策系统"项目获教育部批准。

（一）实验中心建设成果

1. 建设了先进的实验教学体系、内容和方法

从人才培养体系整体出发，建立了以专业能力培养为主线，分层次、多模块、相互衔接的科学系统的实验教学体系。实验教学内容与专业教学、社会需求、科研、社会应用实践密切联系，形成良性互动，引入信息技术等现代技术，加强综合性、设计性、创新性实验。建立了新型的适应学生能力培养、鼓励探索的多元实验考核方法和实验教学模式。

2. 建立了先进的实验教学队伍和组织结构

建设实验教学与理论教学队伍互通，教学、科研、技术兼容，核心骨干相对稳定，结构合理的实验教学团队。建立实验教学队伍知识、技术不断更新的科学有效的培养培训制度。形成了一支由学术带头人或高水平教授负责，热爱实验教学，教育理念先进，学术水平高，教学科研能力强，实践经验丰富，熟悉实验技术，勇于创新的实验教学队伍。

3. 配置了先进的仪器设备和安全环境条件

仪器设备配置具有前瞻性，品质精良，组合优化，数量充足，满足综合性、设计性、创新性等现代实验教学的要求。实验室环境、安全、环保符合国家规范，具备信息化、网络化、智能化条件，运行维护保障措施得力，适应开放管理和学生自主学习的需要。

4. 建立了先进的实验中心建设模式和管理体制

依据学校和学科的特点，整合分散建设、分散管理的实验室和实验教学资源，建设面向经济管理多学科、多专业的实验教学中心。理顺实验教学中心的管理体制，实行中心主任负责制，统筹安排、调配、使用实验教学资源和相关教育资源，实现优质资源共享。

5. 建立了先进的运行机制和管理方式

建立网络化的实验教学和实验中心管理信息平台，实现网上辅助教学和网络化、智能化管理。建立有利于激励学生学习和提高学生能力的有效管理机制，创造学生自主实验、个性化学习的实验环境。建立实验教学的科学评价机制，引导教师积极改革创新。建立实验教学开放运行的政策、经费、人事等保障机制，完善实验教学质量保证体系。

6. 建设了完善的实验中心体系

经济管理实验中心围绕本科实验教学方向，按照实验需求，建立了以"林业经济管理本科实验教学"实验中心公用网络支持平台为核心，可供各专业实验课程共同使用的经济管理实验系统、实验中心全系统统一的网络自动化管理模式。经过多年建设，形成了新型实验教学体系结构：以专业课程为实验架构、知识点为实验核心、技能训练为实验基础、创新能力培养为实验导向的实验教学目标；以基础训练、专业技能、综合运用、研究开发相结合的实验教学模式；技术先进、资源共享、运转高效的管理体制。

该体系包括基本型实验、综合设计型实验和研究型创新实验教学体系、以能力培养为核心，分层次的完整的实验体系。

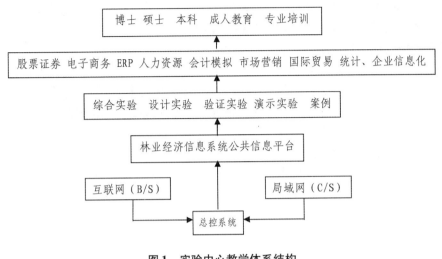

图 1　实验中心教学体系结构

实验体系包括：

	基本型实验教学体系

企业人力资源管理实验系统　　　　　　　　　　国际贸易模拟实验系统

项目管理模拟实验系统　　　　　　　　　　　　办公自动化模拟系统

综合设计型实验教学体系

国际财务会计模拟系统　　　　　　　　　　　　市场营销战略决策模拟实验系统

股票证券教学实验系统　　　　　　　　　　　　电子商务模拟实验系统

研究型创新实验教学体系

林业经济信息系统　　　　　　　　　　　　　　林业经济管理信息化实验系统

林业 ERP 实验系统　　　　　　　　　　　　　　林业经济案例分析实验系统

基于 GIS 的林业经济社会经济分析决策系统

上述实验系统能满足自主型实验系统、合作型实验系统和研讨型实验系统三种层次实验教学模式的实验教学需要。

7. 建立了分阶段实验教学模式

建立了以专业课程为实验架构、知识点为实验核心、技能训练为实验基础，创新能力培养，专业技能、综合运用、研究与开发相结合的实验教学模式，即分阶段的实验教学模式：

第一阶段：基本素质能力培养阶段。本阶段目的是进行专业基础实验，学生应通过本阶段实验掌握金融、银行以及财务、保险方面的基本操作方法及技能等。第二阶段：综合基础能力的培养阶段。本阶段目的是加强对学生经济管理综合科学素质培养，增加对学生提高型实验项目内容的理解，通过实验，学生总结经验，自己设计实验项目内容，大大提高动手能力。第三阶段：专业能力培养阶段。通过实验培养学生的创新思维能力、学会用实验方法去研究经济、财务、金融规律，培养学生在实验过程中发现问题、分析问题及解决问题能力。根据分阶段培养目标建立了自主型实验、合作型实验和研讨型实验三种类型。

建立了有利于激励学生学习和提高能力的有效管理机制：包括：创造学生自主实验、个性化学习的实验环境，实验教学的科学评价机制，完善实验教学质量保证体系。

（二）开发了具有林业经济学科特色的实验系统

1. 林业经济管理信息系统

"林业经济信息系统"是北京林业大学经济管理学院"211"工程重点建设项目，该项目于2004 年申报立项，2005 年完成，同年被学校"211"工程验收专家评价为"优秀"项目。该系统是我国林业经济学科第一个基于 Internet 林业经济信息系统。后来经过进一步改进和发展，现已成为支撑经济管理学科实验教学的公共实验平台。

系统分为前端和后端系统两大部分。前端是以 Web 形式建立起来的各个子系统模块，以 B/S 模式浏览，后台以大型数据库 Oracle 为支撑，在对相关林业经济的数据资料进行技术分类处理的基础上，用 JAVA、J2EE 等编程语言进行以类别为基础的关键字搜索，在此搜索中区别于一般搜索引擎的是搜索结果集的有效性和准确性（仍以网页形式分页呈现搜索结果）。

本系统共包括"世界林业经济"、"中国国民经济"、"中国林业经济"、"林业重点工程建设"四个子系统。本系统存储了世界 275 个国家和地区从 1961～2002 年贸易、农业、人口、土地、林业等方面的统计数据 175 万个；全国各省市自治区从 1949～1998 年国民经济指标统计数据共 25 万个以及林业经济等学科领域的硕士博士毕业论文及专业论文数千篇。几年来的运用实践表明，系统可靠性高、稳定、安全。在实验教学和科研中发挥了重要作用，并为社会各界广泛应用，产生了良好的社会效益。

2. 基于 GIS 的林业经济分析辅助决策支持系统

GIS 技术能够很好地表现地理信息的空间性、动态性（时间性）、专题性（属性），并具有强大的空间分析功能。其在森林资源监测，森林区划布局，林地合理利用等方面得到广泛运用。但在林业经济领域的运用尚属空白。将 GIS 的这些数据处理功能应用于社会经济及其相关领域的研究显然对区域社会经济状况及发展趋势进行更深层次的分析有重要意义。本研究首先设计出科学合理的、能全面反映区域社会经济状况的指标体系，将调查得来的原始数据进行分类整理，通过数据属性转换和信息压缩将其转换为具体的指标体系数据。然后利用 Arc‐View 制作出不同层次的区域社会经济专题图系。该专题图系包括基本指标图系、分析指标图系（资源类、环境类、经济类、社会类）、环境安全性指标图系（资源丰盈系数、环境安全系数、经济承载系数、社会进步系数）、可持续性指标图系（发展度、协调度、持续度）和综合评价指标图系。这套完整的专题图系为该地区的社会经济分析提供了强有力的信息技术支撑。本研究不仅为该项目提供了重要帮助，而且为 GIS 在地区社会经济可持续发展的分析、监测和决策等交叉学科研究提供了有益尝试。

（三）发表研究论文

近年来发表了与实验室建设有关的论文四篇：

（1）区域林业经济评价的指标设计与 GIS 应用，北京林业大学学报（社会科学版）第 4 卷第 3 期，2005.9。

（2）谈林业经济信息系统集成平台的构建，《北京林业管理干部学院学报》，2005.1。

（3）电子商务课程体系结构研究　中国电子商务协会第二届中国电子商务大赛论文集，2006.8。

（4）电子商务网络教学平台的设计与开发，《中国林业教育》，2006.1。

总之，经过 4 年的建设和发展，实验中心提出的改革和发展目标已经全面超额完成。

三、实践验证

在实践教学中，本中心连续三年组织学生参加全国大学生电子商务竞赛，2006 年获得北京赛区团体第一名，2007 年获得全国（B 组）第一名和第三名。

四、推广应用情况

经济管理实验中心建成后，在北京林业大学经济管理学科实验教学中发挥了重要作用，近年来实验设备使用率保持在 95% 。2005 - 2007 年年均开设实验课程 100 门次，完成实验教学任务 3000 学时，年实验学时均在 4 万（人/时）以上，实验学生达 160000 人时数。成为经济管理学科教学体系，特别是本科教学体系的重要技术支撑。

"林业经济信息系统"在第一、第二届全国林业经济论坛上进行了介绍，引起广大林业院校的热烈反响，目前系统已有数百用户，为全国林业经济学科硕士、博士教育发挥了重要作用。

本实验室开发的基于 GIS 的辅助决策系统在亚洲开发银行的"将秦岭地区大熊猫栖息地景观评价"、"福建漳州 300 万亩造纸原料林基地"、"陕、甘、新三省丝绸之路生态环境建设"等项目中得到运用。

本实验中心已接待了北大光华管理学院、重庆大学、北京科技大学、北京工商大学等国内许多著名大学的参观访问，几乎所有的林业大学都来本实验室参观咨询过。参观者都对本实验室的建设和管理，尤其是鲜明的林业经济学科特点给予高度评价。

普通高校内部教学质量监控体系的探索与实践

2008 年北京市级教学成果二等奖

2007 年校级教学成果一等奖

主要完成人：韩海荣、于斌、段克勤、钱桦、张勇

一、成果产生的背景

高等教育质量是当前党和政府以及社会各界普遍关注的一个焦点问题，也是关乎高等学校生存与发展的重要问题。随着高等教育改革的深化，高等教育发展已进入以质量提升和结构调整为主要特征的新阶段，构建科学的教学过程质量管理体系，对于进一步加强教学质量管理，不断巩固、提高教育教学质量，有着重要的意义。教育部在多次重要会议上指出提高高等教育教学质量的重要性，并明确提出要加强教育教学质量监测和保证体系。宏观上，国家实行了"本科教学工作水平评估制度"与"专业评估制度"，微观上，高等学校也要探索、建立和完善学校内部教学质量监控体系。

北京林业大学在对高校教学质量影响因素调查基础上，1999 年开始着手进行质量监控体系的建设工作，初步提出了针对新形势的高校内部教学质量监控体系的雏形，开始了教学质量监控的研究、实践、修正过程，目前已形成了较完善的教学质量监控系统及相关管理制度。这种不断探索改革，逐渐完善的质量监控体系能够满足对教学质量不断提高的要求。本研究得到北京市高等学校教育教学改革立项"北京林业大学教学质量监控体系的研究与应用"的支持。

二、成果主要内容

（一）构建了科学高效的教学质量监控体系

进行了近 10 年的研究、探索、实践与完善，比较分析了国内外先进的教学管理理论与实践经验，吸收借鉴了"全面质量管理"理念以及国内外先进的教学评估方法，根据学校的实际加以调整和创新，形成有利于学校发展的教学质量监控体系。

1. 教学质量监控体系的构成

该体系由四个相互关联的系统构成，即教学质量管理制度系统、教学质量监控组织系统、教学管理系统、教学质量监控执行系统（见图 1）。

（1）教学质量管理制度系统。学校结合实际制定了一系列教学管理规章制度，涉及教学建设管理、教学运行管理、实践教学管理、教学质量控制、教学管理岗位职责、教务处工作流程等方面。2005 年，学校吸纳项目研究成果，对教学管理规章制度进行全面修订，编印了《北京林业大学教学管理规章制度汇编》，涉及上述各方面 107 项教学管理规章制度。

制定和修订了一整套人才培养目标与培养过程相结合的质量标准体系，主要包括人才培养方案、课堂教学、实践教学、考试考核、毕业论文(设计)等环节的质量标准。

(2)教学质量监控组织系统。学校构建了以评估中心(隶属教务处)为主要协调部门，学校与学院齐抓共管的校、院两级教学质量监控组织系统。学校一级有教学督导组、教学信息员、专家组等监控队伍，学院设有教学督导员、专业负责人、班主任等监控队伍。

(3)教学管理系统。学校自主研发了教务管理系统，将教学运行涉及的各个环节以及各类教学评价活动集成在同一网络平台上，实现系统集中管理、数据集中存储与分散操作，达到信息共享。搭建了网络教学平台，目前，700余门课程在网上运行，为学校实施监控课程建设情况提供了依据。

(4)教学质量监控执行系统。由评估系统、监督系统、信息反馈系统和调控系统四个子系统组成。

评估系统包括专业评估、理论教学评估、实践教学评估、考试考核评估、学院教学工作考核等方面的评估方案和指标体系；监督系统包括教学督导制、教学信息员制、听课制度、期中教学检查制度和学院二级教学质量监控机制；调控系统包括激励机制、约束机制和申诉制度；信息反馈系统包括网络平台反馈、编印报纸反馈以及面对面反馈等。

2. 教学质量监控体系各系统的作用

教学质量管理制度系统决定着整个监控体系运行规则，是监控体系的基础和标准；教学质量监控组织系统为教学质量监控体系的研究、实践以及各监控措施的顺利实施提供组织上的保障；教学管理系统将教学运行、教学评价活动集成于网络平台，是保障质量监控体系高效运行的重要手段；教学质量监控执行系统明确了教学质量监控组织系统的执行内容和方向，是教学质量监控体系的实质操作部分，起着筋脉和纽带的重要作用。

整个教学质量监控体系以科学的理论为指导，以科学的方法来运作，全员参与，全程跟踪，整体规划，分步实施，确保了教学质量监控体系科学高效地运行。

(二)创建了以专项评估为关键点的教学质量监控新模式

该课题在研究和实践中，以各项教学质量管理制度为根本，以各级教学质量监控组织为依托，通过全面分析教学过程及影响教学质量的因素，创建了以专项评估为关键点，多级日常监督为主线，调控与反馈共同作用促进教学质量和监控体系持续改进的监控模式。

1. 监控模式的具体内涵

1)以专项评估为关键点，实行重要教学环节的全面监控

在近10年的不断探索、总结和实践中，我们确立了专项评估的内容：专业评估(覆盖面最广，规模最大)、理论教学评估(受益面最广，最真实反映日常教学水平)、实践教学评估(考察学生创新和动手能力培养措施是否得当)、考试考核评估(检验教学效果和教学质量的重要手段)、学院教学工作考核(考察教学管理制度、措施最终执行情况)等。

(1)开展专业评估，不断提升专业内涵。建立了2~3年一次的专业评估制度。专业评估分两个层次，第一个层次是检查调控性质的专业建设水平评估，第二个层次是以鼓励和铸造品牌为宗旨的精品专业评审。2002年至今，开展了2次专业建设水平评估，和1次精品专业评审工作。评估的结果与招生、专业的建设投入直接挂钩。

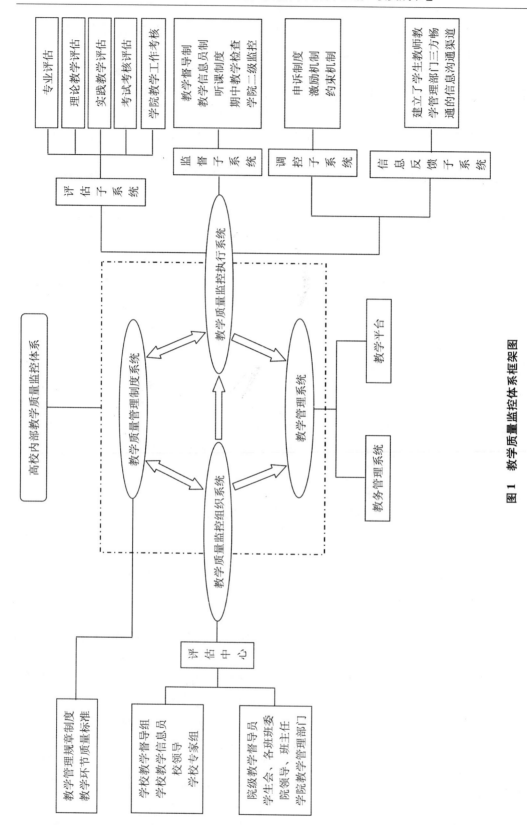

图 1　教学质量监控体系框架图

专业评估和专业建设立项工作，促使传统优势专业进一步优化，总结凝练经验和特色，查找存在的问题和隐患，建设工作取得了好成绩，林学专业等9个专业入选国家级特色专业建设点，园林等6个专业入选北京市特色专业建设点。

新办专业依托学校专业建设立项，有针对性地进行了改造和建设，进一步明确了专业特色和定位，加强了师资队伍建设和实验条件建设，教学质量明显提高。

（2）开展理论教学评估，不断提高课堂教学水平。将理论教学作为教学质量监控的重点，不断完善理论教学评估方案和评价方式，并将评价成绩按教师代码在全校公布。

①课堂教学质量评价。1999～2006年，2次修订课堂教学质量评价系统。3个阶段的课堂教学质量评价体系比较如表1所示。

表1 三阶段课堂教学质量评价体系比较

阶段	应用时间	评价方式	评价指标种类	评价结果	开展时间
第一阶段	1999年至2003年	纸质问卷静态评价	一套指标	每位教师有一个评价分，评价结果不公布	学期末
第二阶段	2004年至2005年	网上问卷静态评价	一套指标	每门次课程有一个评价分，评价结果公布	学期末
第三阶段	2006年至今	网上问卷动态评价	理论课指标 实践课指标 体育课指标	每门次课程有一个评价分，评价结果公布	整个学期

新版课堂教学质量评价体系特点：

采用动态评价方式。学生对课程的评价时间贯穿于每门课程的学习始终，可根据教学情况适时调整，并通过留言平台与教师交流；教师可即时查看学生对自己教学的评价，及时改进教学。

定量评价与定性评价相结合，坚持评价主体的多元化，将督导评价、同行评价和领导评价作为学生评价的重要补充。

在设计课堂教学质量评价指标体系时，根据课堂教学活动的特点和不同类别课程的差异性，制定了理论课、实践课、体育课三类不同的评价指标体系。

表2为近年学校课堂教学质量评价结果统计表，反映出课堂教学质量不断提高。

表2 近年课堂教学质量评价结果统计

评价学期	评价成绩≥90	80≤评价成绩＜90	评价成绩＜80
2005－2006－2	43.0%	49.9%	7.1%
2006－2007－1	53.0%	43.2%	3.8%
2006－2007－2	67.2%	31.2%	1.5%
2007－2008－1	72.3%	26.3%	1.4%
2007－2008－2	74.8%	23.8%	1.4%

②课程评估。建立了一套科学、可行的课程质量评估实施办法。将列入本科专业培养方案的基础课、专业基础课、专业课及选修课均作为评估对象。凡被评为优秀的课程，由学校颁发"优质课程"证书。对不合格的课程，由课程所在院部制定措施进行整改，一年内进行

复评，如复评仍不合格，将给予相关院部通报批评。

③课件认证。多媒体课件质量的好坏将直接影响到课堂教学的质量，影响到学生学习的质量，为此，建立了多媒体课件认证制度。每学期对申请使用多媒体教室的课程，进行多媒体课件的认证。认证不合格的课件，在未取得合格认证之前不能在教学中使用。

（3）开展实践教学评估，为学生动手能力培养提供保障。根据实践教学质量标准要求，制定了一系列措施加强实践教学质量监控，确保实践教学有序、有效开展。

①实验、实习教学质量监控。采用新制定的实践课教学质量评价指标体系，组织全校学生对所有独立设课的实习、实验课程进行网上评价。从近年来评价结果来看，学生对大部分实践课的教学质量评价较高，对任课教师的教学比较认可。对于少数学生评价得分较低的课程和教师，组织专家重点听课，帮助其分析原因，促其改进工作方法和提高个人工作能力。

②毕业论文（设计）质量监控。规范过程管理。修订了本科毕业论文（设计）工作规定，对毕业论文（设计）的选题、写作格式、导师职责、答辩组织管理和操作程序、成绩评定标准、论文档案管理进行了科学、规范要求。

严格检查制度。建立了严格的毕业论文（设计）质量检查制度，采取学院自查和教学管理人员、学校教学督导组抽查相结合的方式进行。

完善评价机制。完善了毕业论文（设计）的评分细则，从学生的平时表现、论文质量、答辩情况等方面进行综合考核，综合中期检查、导师评价、评阅人评价、答辩小组评价意见，由学院答辩委员会评出最终论文成绩。

（4）开展考试考核评估，把好教学效果检验关。制定了考试管理工作规定，并在实践中不断修订完善。从考核方式、考试命题与制卷、成绩评定与试卷分析、考试试卷档案管理到考试安排、考场规则、监考巡考、考试违规及其处理等方面都做了严格要求。

坚持组织对本科试卷开展检查评估，评价指标包括试卷质量、成绩评定、试卷分析、试卷管理等四个方面的 12 个评价指标。

（5）制订学院教学工作考核方案，提高教学管理执行效果。制定了《北京林业大学学院（部）教学工作考核办法》。考核办法从教学工作量、教学运行与管理、教学研究与改革、考试管理、教学效果、综合评价等六个方面共计 33 个考核点对各院（部）的教学情况和教学效果进行考察，鉴定和评价教学目标的实现情况。

2）以完善的日常监督机制为主线，加强教学质量的监督和调控

（1）完善教学督导制，提倡"以导为主"。确立了"以人为本，督导结合，以督促导，以导为主"的方针，提倡在"导"字上下功夫。进一步完善了督导的工作方式和工作内容：一是建立与学院、教师及时交流的沟通机制。督导在听课当天主动与任课教师沟通，交流教学方法，在教学工作检查后及时与学院沟通，指出存在的问题。二是不断丰富督导工作，增加了教学大纲审查、指导青年教师教学基本功比赛、试卷检查、毕业论文（设计）答辩抽查等督导内容。使教学督导的工作得到了学院和广大教师的尊重、认可；使学校和学院更全面地了解和掌握各教学环节的执行情况，随时调整工作，查缺补漏。

（2）完善教学信息员制，加强学生参与教学管理。加大学生参与教学质量监督的分量，引导学生从自身学习的角度，审视学校的教育教学问题，对教学各个环节，包括教师备课、上课、批改作业、考试、实验课、实习课、课程设计、教材使用以及教学管理等进行监控。在整理、核实的基础上（每学年近千条教学信息），将学生的合理意见和建议反馈到相关部

门。以编辑印发《教学信息报》以及校园网等途径,将教学管理部门的答复、学校教学相关政策规定及时反馈给学生。

(3)完善听课制度,强化听课工作针对性。2000~2005年,两次对修订了学校听课制度。按照听课人员的不同层次(校、院领导、教学督导、教研室主任、普通教师、教学管理人员及相关职能处室领导),提出不同的听课要求。如:校级领导通过听课,主要了解学校的教风和学风情况;各教学单位领导通过听课,主要了解本单位教风和学风情况;督导通过听课,主要了解教师教学方法、教学态度等情况;教研组主任通过听课,主要了解教师的教学内容和教学水平情况;教学管理人员和相关职能处室领导通过听课,主要了解与其服务教学相关的教学环境保障情况。听课要求的分类细化,更加有针对性和实效性,加强了学校对教学的检查和指导力度。

(4)完善期中教学检查制度,加强检查工作实效性。期中教学检查的内容主要包括课堂教学检查、实践教学检查、举行观摩教学、召开座谈会等环节。为使其更好地发挥作用,检查内容根据每学期的不同情况有所侧重,同时,通过召开教师和学生座谈会与师生进行交流,及时解决教学工作中出现的问题。

检查结束后,将教学工作中仍存在的问题及一些好的经验、做法发布在《评建周报》上,向全校通报,为以后改进教学、加强教学管理提供依据。同时,汇总面临的困难与问题,进行分类,提交相关职能部门和教学院(部),必要时学校将召开专题会议,组织有关职能部门、院、系进行交流,集中研究教学及教学管理中存在的突出问题,力求及时解决,并认真抓好整改工作。

(5)完善学院二级质量监控系统,确保教学管理制度执行有力。逐步构建了校、院两级的质量监控系统。学校制定一系列引导性的质量监控的制度与规划,各学院依据学校的规章制度,根据自身发展情况,制定相应的管理制度和实施细则,如院一级的听课制度、教学奖惩制度、课堂教学检查制度、定期教学工作例会制度等。有些学院还有针对性地采取了一些措施,如:外语学院针对学院承担公共课程多,年轻教师多等特点,完善了质量监控方面的制度,如《请假制度和工作调动的管理办法》、《外语学院加强教研室活动支持办法》、《教师业务提高的管理办法》、《外语学院奖励条例》、《青年骨干教师实施细则》、《外语学院调课细则》、《教学督导制度实施办法》等。

工学院根据工科专业特点,针对每个专业不同情况,为每个专业制定了一套毕业论文(设计)评定细则,对毕业论文(设计)进行严格把关。

理学院在2004年对津贴分配进行了调整,增加部分津贴用于提高本科教学质量。对于在学生评价中获得较高的评价,名次位于本院本学期任课教师总数前50%的教师增加课时津贴。结合学校聘任制的开展,制定了《教学量化考核评分标准》,作为教师年底考核的重要标准。

3)以高效、人性化的调控机制和信息反馈机制为生命线,促进教学质量和监控体系持续改进

调控机制的完善和反馈渠道的畅通,使监控组织与监控对象得到了很好的沟通和交流,使整个教学质量监控系统成为一个真正的动态可持续发展的系统。

(1)建立实效强、人性化的调控系统。

①有效的激励机制:一是设立教学奖,将其作为分配制度的重要补充,对在教学及教学

改革工作中取得优异成绩的个人和集体进行奖励。2007 年又将教育部、北京市"质量工程"中取得优秀成绩的项目纳入到教学奖励范畴。2004 年至今，奖励金额总数达到 240 余万元。

二是评估成绩和建设经费挂钩。学校对在专业评估中获得优秀的专业，在教学研究立项、精品课程、教材建设、实验室建设、学生科研训练等投入上给予优先照顾，以促使各专业建立自我调控的机制，积极改进，不但完善，并形成良性循环。

②严格的约束机制：教学质量评价结果与晋职挂钩，职称评定采用一票否决。

加强教学事故认定及处理。2005 年对《关于教学事故认定及处理办法》进行了修订，对教学事故所应承担的责任做出了具体的规定，起到了警示教育的效果。

③人性化的申诉制度：对教学质量评价结果存在疑惑或者异议的教师，可通过学院向学校申诉委员会提起申诉，学校将通过与学生座谈、督导听课等形式开展调查，及时向教师反馈调查结果。经核查，评价结果与实际确有较大出入的，及时予以更正。

（2）构建畅通的信息反馈机制。

①网络平台反馈：通过网上教学质量评价系统，教师可以即时查询当前和历年课堂教学评价情况，学院负责人可以查看本院所有课程的教学评价结果详细信息。

②网上留言簿反馈：学校在教务处主页开通了教学问题留言簿，学生可以将教学问题反馈至该留言簿，教务处相关人员会及时做出回复。

③编印报纸反馈：自 2000 年开始编印《评建周报》，截至日前已发行 135 期，将学校教学建设、教学改革等方面的信息及时反馈给各单位和广大教师；自 2005 年开始编印《教学信息报》，截至日前已发行 15 期，将与学生有关的各类教学信息及时反馈给广大学生。

④面对面反馈：教学督导员通过听课和教学检查适时反馈教学过程和教学管理中存在的问题；学生信息员收集教学的意见和建议，及时反映到学校和学院，有关部门对这些意见和建议作及时的处理，再通过信息员反馈给同学。

几种反馈机制共存在于一个系统中，相互依存、互补不足，建立起了学生—教师—教学管理部门三方畅通的信息沟通渠道，使整个教学质量监控系统成为一个真正的动态可持续发展的系统。

2. 监控模式的内在关系

在该监控模式中，专项评估是关键点，涵盖了教学质量中的关键影响因子，如：专业建设、课程建设、实践教学、考试考核、学院教学工作等；贯穿于教学质量全过程的日常监督是串联这些关键点的主线；而调控系统和信息反馈系统则是保障"教学质量监控执行系统"高效、畅通运行的生命线。

整个监控模式做到了"有点有面，点面结合"，基本囊括了影响教学质量的主要因素。

（三）总结经验，发表研究论文

项目研究过程中，不断进行总结，近几年正式发表和撰写了 70 余篇研究论文，其中，教学质量监控管理方面的 11 篇，专业评估方面的 17 篇，课程评估方面的 24 篇，实践教学方面的 23 篇。这些论文的发表和撰写，是对近 10 年教学质量监控体系建设的总结，促进了经验的交流和推广，意义重大。

三、成果创新点

(一) 构建了高校内部教学质量监控体系

全面、系统地提出和构建了高校内部教学质量监控体系，包含四个相互关联的系统：教学质量管理制度系统、教学质量监控组织系统、教学管理系统和教学质量监控执行系统。

(二) 确立了高校内部教学质量监控模式

创建了以专项评估为关键切入点，多级日常监督为主线，调控与反馈共同作用促进教学质量和监控体系持续改进的监控模式。在实践中制订并不断完善了专业建设、课程建设、课堂教学、实践教学、考试考核等重要监控环节的评估方案和指标体系，不断创新日常监督管理方式。

(三) 应用了动态评价理念进行课堂教学评价

将动态评价理念应用于课堂教学质量监控和评价系统，促进师生不断改进教学，提高教学质量。

四、成果应用推广情况

通过该项目研究所建立起来的高校内部教学质量监控体系，在北京林业大学得到了全面实施，且在实践过程中不断完善和发展，引导着学校教育教学工作进一步走向规范化、科学化、高效化和信息化。实践证明，利用该体系进行教学管理，能较好地体现现代教育思想，有利于全面提高教育教学质量，树立良好的校风和学风。2005 年，我校顺利通过教育部本科教学工作水平评估，并获得优秀，就是对我校本科教学工作的充分肯定，也是对我校教学质量监控体系所产生的成效的一次有力证明。

这套自我完善、自我约束的教学质量保障和监控系统，对于推动高等学校教学改革，加强对教学管理规律的进一步探索，提供了可以借鉴的思路和方法；所设计、应用的各类教学评估方案、开发的网络教务管理系统等实践成果，在普通高校具有推广应用的现实可行性。目前，该成果在交流和推广中，已被部分兄弟院校如云南师范大学、西南林学院等广泛借鉴和吸收。

计算机基础教学的改革研究与实践

2004 年校级教学成果一等奖
主要完成人：王九丽、陈志泊

　　"计算机基础教学改革的研究与实践"课题于 2001 年 3 月正式立项，该课题研究工作在学校、院、系各级领导的支持与关怀下，经过课题组全体成员的团结协作，研究工作自始至终按计划顺利开展，并于 2002 年 7 月通过学校专家组的鉴定、验收。至今已有二年多的实践历程。

一、项目改革目标和总体情况

1. 总体改革目标和内容

　　根据学校提出的"注重素质、培养能力、强化基础、拓宽专业、加强管理、提高质量"的教学指导方针，确定了本项目的总体改革目标和内容。

　　总体改革目标为：着重基础、兼顾理论、提高技能、联系专业、加强应用、提高学生的计算机技术应用能力和水平，进一步提高计算机基础课程的教学质量。

　　总体改革内容为：从课堂教学、课程实验、作业管理、课程考试以及培养和提高学生的计算机操作能力等几个方面展开计算机基础教学的改革与研究。包括：教学大纲、教材、课堂教学方法、实验指导书、多媒体教学课件、作业管理系统、网络考试系统等多方面的教学改革研究与实践活动。

2. 项目改革的总体活动情况

　　(1) 在明确目标、找准方向的前提下，首先组建了以老带青的课题组，并明确各自的具体任务，在教学改革的实践中锻炼和培养青年教师，这是提高教学质量的根本措施之一，是长久之计。课题组成员如下：

王九丽(教授)
- 陈志泊(副教授)
  - 王春玲（讲师）
  - 李冬梅（讲师）
- 徐秋红(副教授)
  - 姚建成（讲师）
  - 王海兰（讲师）
- 王忠芝(副教授)
  - 蔡　娟（讲师）
  - 王春玲（讲师）

　　教学改革研究的实践证明：我们课题组的组建是科学、合理的。三年多来，有丰富教学经验的教授、副教授，每人亲自指导两名青年教师开展研究和教学工作，在第一线上、在教学改革研究的实践中锻炼和培养青年教师，使他们在完成教学改革的具体任务中得到提高、增长才干，为不断提高课堂教学质量作了最根本的人才储备。

另外，科学合理的集体组合以及每一位老师的积极努力、团结合作，不争名不争利的好作风，是我们顺利完成课题任务的根本保证。

（2）项目的总体研究框架。

在认真讨论教学大纲的基础上，从以下四个方面展开了计算机基础教学改革的系列研究与改革（如下图所示）。

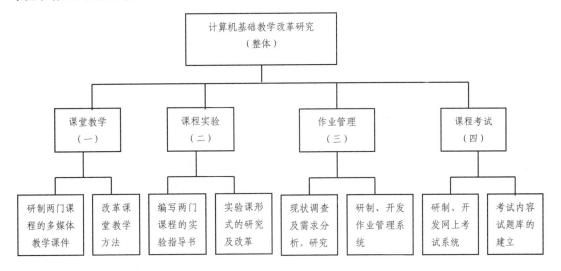

（3）在校内、外进行广泛而深入的调研。校外，如到北航、科大、师大等多所兄弟院校进行调查、座谈、参观、访问，得到很多启发；校内，对00级、01级的绝大多数学生，在课堂教学、实验课、作业、考试以及业余上机情况等多个环节上都进行了广泛持续的跟踪调查（2001.3～2001.6与2001.9～2001.12）和分析研究。

（4）在任课教师中广泛开展相互听课、交流、讨论等教学研究活动。推动了教学改革的深入开展，对进一步提高课堂教学质量具有一定的促进作用。

（5）定期检查课题研究的进展情况和阶段成果的完成情况。

二、项目研究成果

该课题围绕计算机基础教育教学这个中心，在充分调查、分析现有计算机基础教育的现状和问题的基础上，针对《计算机基础》、《C 程序设计语言》两门计算机公共基础课程，从教学大纲、教材、课堂教学、多媒体教学课件、实验指导书、作业管理、考试等方面进行了大量的实践和改革，取得了丰硕的成果，现总结如下：

1. 制订了新的计算机基础课的教学大纲

在调查分析当前高校计算机基础教育的发展形势、业界新技术以及中小学计算机信息化教育的基础上，经过反复讨论，合理取舍教学内容，编写了新形势下的《计算机技术基础 I》（计算机基础）、《计算机技术基础 II》（C 程序设计语言）的教学大纲。

2. 设计、开发了《计算机基础》、《C 程序设计语言》课程的多媒体课件

根据课题中关于"课堂教学"改革内容的要求，针对不同教师就《计算机基础》课堂教学情况进行了大量的听课、调查学生反馈等工作，然后就以前所采用的现代化的多媒体教学手段后，给课堂教学效果带来的优点、以及比较容易出现的问题进行了分析、总结，最后提出了对《计算机基础》、《C 程序设计语言》课堂教学改革的思路和指导原则。针对改革中提出的新教学大纲的要求，认真研究和确定了《计算机基础》和《C 程序设计语言》课程多媒体课件的知识点和框架结构，并全部采用 AuthorWare 系统设计和开发了《计算机基础》课程和《C 程序设计语言》课程的多媒体教学课件。

3. 设计、开发了"基于 web 的作业管理系统"

随着招生规模的扩大，学生作业及实习报告数量急剧上升，因此，必须对传统的作业管理模式进行改革。同时，教师为了提高教学效果，拓展教学内容，也需要一个与学生交流的环境，建立一个师生共用的教学辅助平台是必须的。为此，设计、开发、研制了"基于 web 的作业管理系统"，该系统主要用于完成学生提交作业、教师下载和判改作业、教师教案和课件管理等。

4. 编写了《计算机基础教程习题及实验指导书》

本项成果是在我们的前期（即该项目确立之前）研究工作的基础上，进一步展开的。其前期的研究工作是有关课堂教学方法的研究，并且编写、出版了相关的教材《计算机基础教程（第二版）》。此《计算机基础教程习题及实验指导书》是与之相配套的习题和实验指导教材，2001 年 8 月已由中国林业出版社出版。

5. 编写了《C 语言程序设计习题及实验指导书》

多年来我们一直选用潭浩强主编的《C 程序设计》作为"C 语言程序设计"的主要教学参考书。在本项目的研究中，我们根据多年的教学经验和我校学生的具体情况以及本项目的总体目标，研究编写了与之相配套的《C 语言程序设计习题及实验指导书》，该指导书已于 2001 年 8 月由中国林业出版社出版。

6. 设计、开发研制了"基于 WEB 的计算机基础考试系统"

随着招生规模的不断扩大，每年入校新生人数越来越多，而承担计算机基础教学工作的教师人数并没有增加，教学工作压力越来越大，特别是学期末的计算机基础笔试的阅卷、评分和分析试卷的工作量非常大，工作耗时长。减轻教师的工作强度，提高教学工作效率，同样成为我们课题研究的重点之一。当时，计算机基础教学大纲的内容是要求非计算机专业学生在大学一年级的计算机基础教学中完成对计算机基础知识、计算机基础操作的学习，重点在学会对计算机的基本操作，要实现这一目标，通过改革计算机基础考核方式来修正教师的教学方式及学生的学习方法，将原来的脱离实际的死记硬背转化为引导学生重视实际操作和实际训练。《计算机考试系统》的建立既可以作为学生平时学习和训练的习题库，也可以通过上机考试的方式，使学生认识到在大学里计算机基础的学习中，"实际操作"是提高计算机应用能力的基础，是必不可少的。

7. 根据新的教学大纲要求，编写并正式出版了《计算机应用技术—程序设计篇》和《计算机应用技术—基础篇》两本教材

以制订的新教学大纲为依据，编写了新的教材《计算机应用技术—程序设计篇》、《计算机应用技术—基础篇》。这套教材已于 2003 年 2 月由人民邮电出版社出版。

8. 撰写了教学改革的论文 19 篇

随着教学改革研究的不断深入，课题组成员不断总结，共撰写有关教学改革的论文 19 篇，其中有 7 篇已正式发表（名录如下）。这些论文记录着本项目的研究历程和课题组成员的辛勤劳动与研究成果。

（1）陈志泊，谈如何提高计算机基础教育的课堂教学质量，高校教学改革·探索·实践，中国林业出版社，2002 年 10 月。

（2）王九丽，钻研教学方法 讲究教学艺术 提高教学效果，高校教学改革·探索·实践，中国林业出版社，2002 年 10 月。

（3）陈志泊、王春玲，科学运用现代化教学手段 提高教学质量，高校教学改革·探索·实践，中国林业出版社，2002 年 10 月。

（4）徐秋红，计算机导论课程机考系统的研制与实践，高校教学改革·探索·实践，中国林业出版社，2002 年 10 月。

（5）徐秋红、王海兰等，计算机基础网络考试系统对计算机基础教学的作用，高校教学改革·探索·实践，中国林业出版社，2002 年 10 月。

（6）Linux 的 FTP 服务在教学中的辅助作用，计算机系统应用，2004 年第 4 期。

（7）徐秋红，探讨计算机基础教学的新特点与新方法，全国高等院校计算机基础教育研究会 2002 年会议学术论文集。

三、项目研究成果的特色

1．研究工作特色

（1）在项目研究的初期阶段，对国内普通高等学校有关计算机基础教育的课堂教学、实验课、作业、考试、上机情况、中小学计算机信息化教育、当今计算机发展的趋势和热点等方面进行广泛而深入的调查、座谈、参观、访问，为制订计算机基础教学的教学大纲和确定改革的内容和重点奠定了良好的基础。

（2）在明确目标、找准方向的前提下，特别组建了以老带青的课题组，并明确各自的具体任务，在教学改革的实践中锻炼和培养青年教师，这样既完成了项目的改革和研究工作，同时培养了青年教师师资队伍，这是提高教学质量的根本措施之一，是长久之计。

2．研究成果创新点

（1）与现有的大多数用 PowerPoint 设计的课件有着显著不同，本项目中的多媒体课件全部采用 AuthorWare 系统进行设计和开发，从而使课件的交互性能大大加强，充分体现了多媒体课件引导学生学习和掌握知识的优势。

（2）基于 Authorware 系统特别制作了"程序书写器"、"仿真调试器"和利用动画效果对重要的操作过程、程序执行过程、例题进行动态演示，生动、形象、直观，非常方便学生对难点、重要知识点的理解和掌握。而这些内容是目前已有的课件中所不具备的。

（3）创造性地、独立设计、制作了课件中的大部分有针对性的图片、动画等素材。

（4）在我校首次设计和建立了基于 Linux 操作系统的作业管理系统，系统安全性好、性能稳定、承载力大。

（5）考试系统中对用户权限的管理首次引入了基于角色的管理方式，提高了系统的安全性；独立设计了科学的随机抽题算法，保证了考试的公平性；题库试题的设计特别注重操作能力的考核；在我校首次设计和运用网上考试系统进行大规模考试。

四、项目研究成果的应用情况

（1）多媒体课件存放到专用的教学服务器上，从 2002 年 2 月至今，每年大约有 1300 名

（合计约 50 个班/年），本科生使用该课件进行学习，引导和辅助学生在课余时间对所学知识的进一步理解和掌握，是课堂教学的必要补充，收到了良好的教学效果。

（2）在近 3 年多的运行中，"基于 Web 的网上作业系统"长期肩负着计算机基础教学的教辅工作，鉴于系统的灵活设置和易于管理维护的突出特点，计算机专业的各课程的作业以及院系教学管理也采用了该系统进行管理，使得此系统一直被我院作为其教学服务的重要平台。

（3）"基于 Web 的网上考试系统"面向全校一年级学生的计算机基础期末考试，从 2001 年 9 月至今，每年大约有 1300 名（合计约 50 个班/年）学生使用该系统进行考试。实践表明：考试系统的使用不仅减少了教师在成绩评判期间的工作量，节省了印刷试卷的成本，而且对学生加强计算机实际训练起到了很大的促进作用，受到了教师和学生的普遍认可。

在此带动下，校内很多其他课程也陆续借鉴和开发了相应的考试系统，为其他课程建立考试系统提供了实际参考案例和解决技术难题的宝贵经验。

（4）《计算机基础》和《C 程序设计语言》两个实验指导书配合教材已投入使用 3 年多（00 级、01 级、02 级、03 级）。本配套指导书对学生的实验过程有明显的指导作用，注重培养学生的动手能力、使学生不仅可以掌握具体的操作，还可以根据实例来指导解决实际问题，有很强的实用价值，对复习和掌握课堂教学内容亦有很大的帮助。

（5）《计算机应用技术—程序设计篇》和《计算机应用技术—基础篇》两本教材目前已在我校 03 级、04 级学生的计算机基础教学中使用，学生反映良好。

认知实习教学改革和 CAI 研究

2004 年校级教学成果一等奖
主要完成人：李凯、张志翔

一、研究背景

小龙门和百花山地区因其植被类型丰富、植物垂直分布明显、动物类群组成较复杂、生物多样性显著被北京多所高校和社会团体作为生物学基础实践教学实习基地和科普场所。自1981 年以来，北京林业大学林学、水土保持和森林保护专业的树木学、植物学、昆虫学、病理学课程，以及近年来生物科学、生物技术、森林资源保护与游憩专业的动物学课程先后在这里进行实习，取得了满意的实习效果。随着近年高教事业的发展，教育规模不断扩大，教育部于 2001 年下发《关于加强高等学校本科教学工作提高教学质量的若干意见》（教育部[2001]4 号）文件，特别强调了加强实践教学工作问题。对此，北林大本着提高学生综合素质、提高实习效果的目的，提出了"加强基础教学和增强实践环节"的方针，对上述单科实习进行了重新规划。"认知实习"由此应运而生，它包含了以往多个学科内容，即树木学、植物学、森林昆虫学、林木病理学等。基于以下情况，"生物认知实习教学改革和 CAI 研究"课题于 2002 年提出并正式立项。

1. 时代对人才素质的要求

时代的发展要求培养的学生具有创新精神与实践能力。为调动学生的主动性、积极性，培养学生的综合素质，课程体系要具有有利于学生良好发挥的空间和创造施展才能的机会。

（1）过去那种以教师为主，学生为辅，全程由教师带领讲解的实践教学模式，即"采集标本、鉴定标本、制作标本、认知生物"的传统的生物实习方法不利于学生学习兴趣、个人潜力、学生个性的培养和发展。

（2）原"综合实习"方式，即"铁路警察，各管一段"，不适用于"认知实习"。改变"综"而不"合"的教学实践模式，探索从形式和内容上进行综合的"认知实习"模式刻不容缓。

2. 有利教学改革的软环境

（1）学校大力支持探索新的实践模式。对老课程调整和对新课程扶持力度的加大，使教师对课程改革的决心变得坚定、态度积极。

（2）丰富的教学经验。指导教师业务熟悉，了解实习各个环节和过程，能够有针对性的提出适应新情况的工作方法。

3. 实践教学需要辅助资料

目前的资料存在以下问题：①专业性很强，不适合实践教学；②拘泥于复杂、庞大的分类工作，避"难"就"轻"，无法解决实习问题；③简单的科普读物要么仅仅提供浏览、观赏，缺乏详细的信息；④多媒体课件仅仅照搬教材，缺乏实践内容。因此，人们在市场上找不到一份适合大众需要的、具有特定区域的、集知识性和鉴赏性的文字、图片资料的实践教学资料。"北京林地常见植被、昆虫、菌物识别图鉴及检索系统(CAI)开发"正是基于上述需要和缺陷研建的，也是个探索性的尝试。

4. 具有厚实的经验和资料积累

承担课程改革的教师具有多年的实践教学经验和较强的动、植、菌物识别能力，积累了大量的植物、动物、菌物标本和图片、文字资料，为"北京林地常见植被、昆虫、菌物识别图鉴及检索系统(CAI)开发"奠定了基础。

二、研究思路及技术路线

1. 生物认知实习教学改革方面

(1)保证实习效果的前提下，探索多学科在形式和内容上的整合形式，建立实际意义的综合实习模式。

(2)探索保证实习效果、调动学生积极性的具体运作模式以及学生主动参与实习的方式、方法。

通过对实习各个环节全面、系统的推敲、分析，在内容安排、运作方式、操作步骤上对认知实习进行了详细规划。形成了"踏查—评议—立题—调查—论文—报告"的"认知实习"教学模式，技术路线如下：

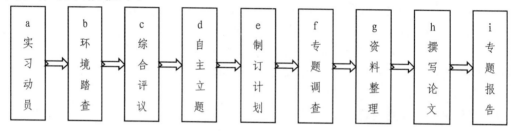

a. 实习动员：实习前，通过已制作的"认知实习CAI"介绍实习地区的环境、植被类型、生物区系、常见生物类群，使学生对实习地区具备初步印象。

b. 环境踏查：沿预定的路线进行踏查，教师实地讲解所见动植物、菌物及生境，加深学生的感性认识。使学生了解生物分布、生存与环境等生态因子的关系。

c. 综合评议：学生汇总踏查印象，归纳踏查生境、生物类群，拓宽视野。加深学生对实习地森林生物的分布、类型等的综合了解；

d. 自主立题：学生根据对实习区域的踏查印象和综合评议，与指导教师交换意见，选择感兴趣的内容进行专题研究。

e. 制订计划：根据选题，拟订小组下一阶段的工作计划、具体实施方案，包括调查地点、调查内容和指标、组员分工等，学习科学研究计划的制定。

f. 专题调查：按照制定计划调查研究，并根据情况调整研究方案。学习生物标本采集、生物多样性调查核生物的现场认知。

g. 资料整理：整理资料和调查数据，学习生物标本的制作、分类与鉴定工作，认知生物；锻炼学生对资料的取舍技能和对问题的综合分析能力。

h. 撰写论文：撰写实习报告和实习总结，受到科技论文写作的训练。

i. 专题报告：组织一个小型的研讨会，由各组汇报本组的调查或研究结果，同时回答其他同学的提问。锻炼学生科学论文的答辩能力。

2. 生物认知实习 CAI 开发方面

利用自拍野外生物类群的生态图片和标本图片，配合相关的资料，开发符合基础生物学实践教学要求的辅助课件。课件开发依托 AUTHORWARE、FLASH 平台，POWERPOINT 作为课堂教学辅助内容。该系统定位为普通用户、拥有初级知识人群以及专业人士。因此，在结构设计上除了设定检索系统、查询系统外，还建立了基础知识、帮助等按钮链接窗口。

生物认知实习 CAI 研究技术路线：

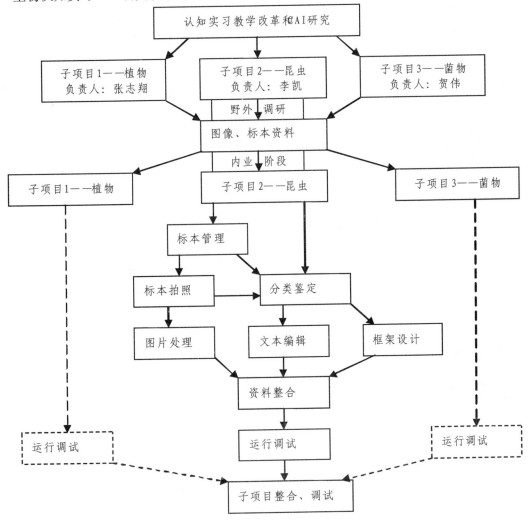

三、主要成果简介

1. "认知实习"教学改革

(1)优化了实践教学模式，培育了学生科研素质，教学效果显著提高。建立了"学生为主，教师为辅、学生独立完成"的实践教学模式和"踏查—评议—立题—调查—论文—报告"的实践教学方法，系统的展示了进行科学研究的步骤与途径，使学生亲身体验进行科学研究的过程，提高了学生的科研素质和综合分析问题的能力。学生的专题立题恰当、原始资料收集齐全、报告内容充实，分析深度与水平明显提高。

（2）德智体全面锻炼，实践教学教书兼育人。实习过程中的任务分工、相互协作，增强了学生的责任感和团队合作意识；锻炼了学生的组织能力；学生的体能、意志，身体素质、吃苦耐劳的能力均有明显提高和增强。

（3）开发了适合各高校应用的森林生物认知实践教学体系和课程：认知实习。将原本的植物分类、动物分类、菌物分类的专项实习，通过教学方法和模式的改革和创新，整合为一门内容适应、方法相通、时间恰当、效果明显的独立课程。解决了基础学习阶段，各门课单独实习带来的实习内容不衔接、效果差、费时费人力的问题。

2. "认知实习"（CAI）开发

根据"认知实习"内容需求和特点，帮助学生正确识别野外生物类群，并能进行初级鉴定工作，开发了以北京林区常见植物、昆虫、菌物彩色原照图谱为主的辅助教材——"《北京林区常见植物、昆虫、菌物识别图鉴及检索系统（CAI）课件》。借助于该课件能够对森林生物类群——植物、昆虫、菌物进行初级分类（界、门、纲、目、科、属和种）；能够对常见物种进行准确分类和检索；具有较强的鉴赏性和科普性，并备有一些基础知识，满足越来越多的生物爱好者的需求。

《北京山地常见植物、昆虫、菌物识别图鉴及检索系统（CAI）课件》的开发填补北京市无相关课件和参考书的空白。该课件具有一定的专业性、知识性、鉴赏性，适合专业人员、业余爱好者和初学者的使用。课件在体裁、内容和展现形式上，首创了集检索、学习、鉴赏功能于一体的模式，检索模块能方便、快捷地提供查询。超出目前市场上、网络上出现的设计。素材的展现方式符合人们的认识过程，图片与文字恰当，方便用户。在试用中已取得良好的效果，对提高实习质量起到了极大的推动作用。

该"生物识别图鉴及其检索系统"在界面上作了便于人们在植物—昆虫—菌物间做大幅度跨越浏览的设计。①生物类群界面：通过菜单栏中的下拉菜单直接了解各大分类阶元，进行检索查询；②学习园地：了解相关的基础知识，获取一些网站信息、参考资料；③使用说明：在最短的时间里掌握该系统的操作技巧与方法；④系统返回菜单：便于读者快速的穿梭于不同的生物类群中；⑤休闲园地：入插入了丰富、精彩的图片和录像资料等。另外，在桌面上还分设了返回、前进、跳出等按钮，方便读者浏览，为满足不同读者的需要，同时安插了相应的检索表。

该课件特点如下：

——填补空白。该课件集专业与科普知识，提升了学生学习和识别植物、动物（昆虫）和菌物的兴趣和能力；满足了教学和社会的需求，填补了这方面工作的空白。

——生动展现。本项目以计算机网络、多媒体技术为平台，对"认知实习"的客观对象——生态环境、植被群落、动物区系从宏观的栖息环境到微观的特征表现做了生动、具体的展现，使用户足不出门即可了解野外常见生物类群及生境。

——专业色彩。对客观对象做了系统的分类与鉴定，并结合文字就对象的属性等相关信息进行了描述和说明，超越了一般网站的图片浏览和鉴赏形式。

——界面友好。考虑到用户学习的需要，增设了检索模块，便于用户在使用中查询和检索，具有很强的交互性。它有别于冗长的教材版，展现方式符合人们的认识过程。

——版权保障。全部采用自己拍摄的实景和特写图片，资料详实，具首创性和版权。

3．"认知实习"指导书编纂

编写了"认知实习"指导书，打破了以往每个学科沿用各自传统的实习指导。新的实习指导教材对该课程实习的背景、框架结构、运作方式、考核方式、基本要求都作了明确阐述和说明，使学生对整个实习始终有一个清醒的认识和了解。在突出物种识别、标本采集和制作技能的基础上，还提出了物种与栖息环境关系的考察内容，使同学能用联系的观点认识环境、认识物种，从而对生物物种有系统认识。在实习指导的附件中安插了一些附图、附表，便于同学熟悉和了解一般的调查要求；附件的最后为该地区森林植物、昆虫、菌物名录，最大限度的给使用者带来了方便。

4．标本室、数据库建设

本项目所采用的大量的生态实景图片、标本图片等素材全部来自于多年的实习与研究积累。目前共收集了 4500 余号标本，珍贵标本 1500 余号，其中昆虫标本近千号、植物标本400 余号、菌物标本约 70 号，丰富了动物、植物、菌物标本室；几年拍摄了有价值图片 12，000 余幅，其中植物、昆虫、菌物的生态实景照片 7600 余幅，标本图片 4300 余幅。初级分类工作全部完成，已鉴定植物 400 余种、昆虫 300 余种、菌物 40 余种，目前编辑、撰写相关文字达十五万字，充实的图片、文档资料数据库为课件制作提供了丰富的素材。这些图文资料形象、生动的再现于树木学、植物学、动物学、进化生物学、动物生态学、林木病理学、植物形态与系统学、植物生殖生态学、保护生物学等本科生、研究生的课程教学中，收到了良好的效果。

5．促进了人才的培养

制作北京林区常见植物、昆虫、菌物识别图鉴及检索系统(CAI)大大提高了课题组同仁的生物学知识、摄影技术和计算机水平。这些技能成为学生就业时有分量的特长；本项目已撰写 4 篇涉及教学研究和自然研究的论文，1 篇已刊发，其余 3 篇待发。另外在课件制作过程中，培养了 7 名本科生，其中 4 人已毕业，3 人在论文工作中，已完成 4 篇学士研究论文。

6．经济的投入产出比

制作一个开创性的、具有版权的多媒体作品动辄十几万。我们借助于学校的人才优势和工作条件，总耗资 2 万余元，制作了这套具有版权、服务教学、面向大众的集精美图片和要点说明的《北京林区常见植物、昆虫、菌物识别图鉴及检索系统(CAI) 课件》。

四、应用情况和效果

1．"认知实习"教学模式应用

"踏查—评议—立题—调查—论文—报告"的实践教学方法已在 2002 年度 00 级、2003年度 01 级和 2004 年度 02 级的林学、游憩、生科、生计等专业的"认知实习"和"动物学实习"中应用，涉及班级 25 个，750 名学生。学生的总结中充分说明，认知实习的改革成效显著。下面摘录学生对认知实习的总结和体会加以说明：

"通过这次实习，我们不光认识了很多植物、昆虫，了解了树种及昆虫的分布及习性特点，学会了一些必备的动手能力(如样地的统计、划分，昆虫的捕捉、展翅整姿、标本制作等)，还对科学研究调查的方法有一定的了解，并且知道了一些野外生活学习的基本常识，使我们的潜能得到了发挥，特别是在登东灵山时，对我们是一次很大的挑战，充分考验了我们小组的协作能力。"

"对于本次实习收获最多的就是自己动手去调查自己的专题，在几个组员的共同合作下，能圆满的完成专题调查，能够独立解决实际中存在的问题。做专题首先调动了我们的积极性，从由被老师带着的被动的认知学习到自己在调查中主动的认知植物、昆虫和病害。在一个专题的确定时，组员要有良好的沟通，在专题调查过程中更需要大家有明确的分工合作精神，才能在短暂的两天中获得一些有价值的数据。小龙门的这次实习是我第一次带有科研意义的活动，我喜欢这种形式，喜欢这种学习方式，想弄清一个问题，然后尽一切可能去搞懂它，这种感觉真的很好。"

"实习改革—从传统的认知到如今的认知实习与专项调查相结合的教学模式—进一层次激发我的求知欲，从被动听老师授课到主动动手实践，发现问题解决问题，使我的实践能力有显著提高，同时对多样性的调查过程有了比较深刻的理解。知识上的获得和心灵上的收获是这次实习给我们两笔财富。张老师、贺老师和李老师的吃苦耐劳、严谨的教学让我铭记在心。十天的山路让我明白我们林学专业不仅需要扎实的基本功，还要有良好的体力和吃苦耐劳的精神。"

"这次实习的主要目的是认知，除此之外，还学到了方法：调查方法，学习方法。对于今后做调查、写论文大有帮助。在这次实习中，感觉自己知识储备不够，老师说的一些东西、自己看到的一些东西都无法解释理解，因此，自己还有很多东西要学要记要复习，不断充实自己。在实习中，主要还是要通过自己去解决遇到的问题。我觉得这种分小组自己调查的形式很好，培养自己发现问题解决问题的能力。"

"在实习中我们不仅仅学到了知识，将从书本上学到的知识形象化，同时我们也学会了团队协作，只有队伍中的每个人都各尽其能的在自己的最适合位置上尽职工作，我们才能把团队的力量发挥到最大，近而实现目标。团结互助是野外生存的法则，只有这样才能克服困难。对于艰苦专业的学生来说不论我们走出校园是否从事林业工作，但是我们在这里学到的团结、协作、互助对我们都将是受益终生的。"

"通过这次实习，我们发现团队精神的重要性，没有切实有效的合作，就没有办法高效的进行工作。大家互相帮助，和谐默契，分工清楚，气氛融洽，建立了深厚的友情，从始至终都不懈怠，较为圆满的完成了老师布置的任务，也提高了我们独立生活能力和身体素质，取得了大家共同或各自的收获。"

"十天的实习，虽然很苦很累，但的确也收获了不少。从认知、采集到对标本的整理、保存，我们都经历了这一完整的过程。而组内的专题报告，也是由我们自己定题、调查、分析而完成的。这不仅使我们增强了实践能力，了解做一专题需要经历的整个过程，学会了对样地进行多样性分析。我觉得更重要的一点是让我们学会了人与人之间的协作。如果没有我们每个组员的共同努力，肯定不会圆满完成这次实习任务。所以，这不仅是一次学科的实习，也是一次人与人之间协作、团结的实习。"

"在实习中老师不怕苦不怕累的精神也教育了我们，感染了我们，这次十天的艰辛生活，也使我们更懂得现实生活的美好和来之不易。感谢学校给我们这次实习机会和老师的耐心指导，让我们能亲身感受大自然的无穷魅力，学到我们课堂上无法学到的东西，体验到团队精神的力量。这一切将令我们终身受用。感受最深刻就是老师给我们做出好榜样，与同学们一同吃苦，我们想这种情景一定刻在每个同学的脑海中，大家都被感动了，这些老师确实让我们佩服，值得我们尊敬。"

2. "认知实习"(CAI)应用

"认知实习"CAI 课件已在林学、游憩、生科、生技、水保、草业、食品等个专业、750 人的教学环节中应用，其丰富的内容和知识紧贴实践教学，大大方便了同学检索、查询的需要。在课堂教学方面，活跃了教学气氛，提高了学习效果。

3. 辐射到其它相关课程

图文资料应用于树木学、植物学、动物学、进化生物学、动物生态学、林木病理学、植物形态与系统学、植物生殖生态学、保护生物学等本科生、研究生的课程教学中，收到了良好的效果。

4. 被社会单位采用

北京八达岭林场、北京小龙门国家森林公园、张家口森防站等多家单位所采用，作为基础识别参考书收藏。

5. 已取得成果：

(1)生物认知实习(CAI)课件，1 张。

(2)"认知实习"指导书，1 册。

开拓培养高质量复合型人才之路

——英语专业系列课程改革的研究与实践

2007 年校级教学成果一等奖
主要完成人：史宝辉、肖文科、李健、李兵、范莉

一、项目概况

1. 项目来源

本项目是由学校立项资助的一个大型教学改革和专业建设项目，于 2000 年开始实施，到 2006 年结束。由于时间跨度较大，涉及内容较多，人力、物力投入较大，本项目按教学内容和教学手段改革、系列课程建设、精品课程建设、精品教材建设、专业建设、人才队伍建设等方面设立子课题，采取逐年下达任务、逐项检查验收的方法，分步进行。

2. 指导思想和研究思路

本项目的缘起是 2000 年教育部颁发的《高等学校英语专业英语教学大纲》，它为英语专业这一通用型的专业提出了新的普遍要求，也为各学校根据自己的具体情况因地制宜提供了一定的空间。如何按照《大纲》的要求调整我校这一专业的办学思想和办学模式，培养适合 21 世纪市场需求的合格人才，是本专业面临的一个重要问题。

因此，我们的指导思想是：认真学习和领会《高等学校英语专业英语教学大纲》的精神实质，根据自身特点制订出符合我校实际的新版人才培养方案，高质量、高标准地达到国家对于这一专业人才的培养要求。

我们的研究思路是：1. 根据新的《大纲》做出课程体系上的调整，开设出比较全面的课程。2. 按照《大纲》修订说明中的有关原则性的话语，深入思考本专业的内涵，确定本专业的教育理念，明确本专业未来的发展方向，制订出分步实施的人才培养模式。

3. 研究目的及应解决的问题

通过认真学习《大纲》及修订说明，我们确定了研究目标，认为在本专业的建设上应逐步解决以下几个问题：

（1）如何实现《大纲》中提出的三类课程(即专业技能课程，专业知识课程，相关专业知识课程)？

（2）如何理解《大纲》提出的复合型英语专业人才和创新能力培养之间的关系？复合型英语专业人才和英语专业人才的创新能力内涵是什么？

（3）在新的形势下，如何通过教学内容、教学手段、教学方法的改革达到提高本专业培养能力和培养质量的目的？

（4）如何以此为契机，使本专业在较短的时间内实现一个突飞猛进的进步？

英语专业是一个通用专业，在理工科大学中开办这一专业的时间较晚，与综合大学、外语院校和师范院校相比，起步较低，经验不足，专业积淀比较薄弱，但毕业生要和其他类学校毕业生在人才市场进行激烈的竞争。因此，解决好上述问题是本专业是否能够在较短时间内上台阶，跻身于国内同类专业先进行列的必由之路。

4. 研究工作的分工

本项目由外语学院院长史宝辉教授担任总负责，负责英语专业建设的整体规划工作，教育理念的更新，人才梯队建设，培养和引进人才，英语专业课程体系建设，培养方案的修订，以及专业知识类课程的建设等方面的工作。英语系主任李健教授和专业教研室主任肖文科教授负责相关专业知识体系的建设，基础教研室主任李兵副教授和骨干教师孙亚、范莉、武立红等老师负责专业技能课程体系的建设。其他一些教师参与具体项目的研究和教学实践经验的总结。

在专业建设整体规划的指导下，逐步实施了 20 多个子课题的项目，涉及专业建设的方方面面。

二、项目前期工作

1. 专业建设环境和专业内涵

我校英语专业成立于 1986 年，同年成立外语系，2001 年成立外语学院。成立外语学院以来，大学外语教学实施了大规模的改革，全校学生英语四级考试合格率逐渐大幅度提升，2008 年达到 87.2%，全国大学生英语竞赛获奖级别和人数逐渐递增，进入了北京市高等院校的先进行列。

外语学院的工作重心既包括大学外语的教学改革，也包括自身本科专业的建设，通过逐步扩大招生规模，特别是 2002 年实施了新的人才培养方案，并连续增设了"外国语言学及应用语言学"和"英语语言文学"两个硕士学科点，到 2005 年，经过学校组织专家组认真评审，确定了英语专业为"重点建设专业"。2007 年英语语言文学教学团队列入学校优秀教学团队建设行列。

2007 年 5 月，在教育部组织的英语专业评估中，专家组对本专业各方面的建设工作表示满意，对学校给予的各方面支持表示赞赏，对本专业给予了很高的评价。

2. 项目研究的前期基础

本专业在 1996 年 12 月 -1999 年 4 月间曾完成了一项学校立项课题《英语专业主干课程系列建设》，该项目由史宝辉教授担任项目主持人。项目理清了我校英语专业的现状，分析了学生的英语能力状况，调查了兄弟院校和国外相关专业的课程设置情况，研究了我校本专业的教学方法、主要课程和系列课程建设中的有关问题。

在项目研究过程中，项目组成员共完成专题项目报告 6 份，计 4 万多字，正式发表教学研究论文和评论文章 15 篇（包括教学法研究论文 3 篇，课程建设研究论文 2 篇，各课程专题研究论文和评论 10 篇），自编校内教材 5 部。在充分调查研究的基础上，项目组成员对英语专业教学计划进行了重大的修订（1999 年起实行），完善了英语专业各课程教学大纲和教学大纲说明书。这一项目的研究为本项更大规模、更高目标的研究奠定了坚实的基础。

三、项目实践与成果

1. 英语专业教育理念的更新

《大纲》在"修订说明"中指出，"21世纪的外语人才应该具备以下五个方面的特征：扎实的语言基本功，宽广的知识面，一定的专业知识，较强的能力和较好的素质。……能力主要是指获取知识的能力、运用知识的能力、分析问题的能力、独立提出见解的能力和创新的能力。其中创新能力的培养尤为重要"。这就明确了英语专业学生创新能力培养的意义。

根据这一思路，我们提出了"在复合型人才培养的基础上，增强学生创新能力培养"的总体思想，并拟定了分三步走的实施方案：

第一步，制订了2002年版人才培养方案，加大了复合型课程的比重，设置了商务英语方向，开设了经济学、管理学、市场营销、国际金融4门经济管理类课程，用英语授课，学国外引进教材，有3位英语老师通过自己的努力考入经济管理学院攻读博士学位，解决了师资问题。

第二步，作为本项目研究的一个成果，在制订2007年版人才培养方案时，通过总结四年的经验，增设了一些新的课程，把研究型课程列入教学计划。

第三步，将逐步减少技能型课程的比例，加大专业课程的比例，采取"内容型教学"的方法，通过学习专业课程提高英语运用技能，同时拓展学生的知识面，加强创新能力和研究能力的培养，为培养更高层次的人才而做出努力。这是目前正在进行的研究，拟在2010年以后实施。

在2007年版新增设的课程中，会计学原理是以加强复合型人才培养模式为目的的，使学生在经济管理方面学习的课程更为全面；语言学专题、英美文学专题、英汉对比与翻译和商务学等课程是新增设的研究型课程，旨在探索创新型人才培养的新思路。

2. 项目进行的研究

按照《大纲》要求的语言技能、专业知识和相关专业知识3个方面，我校英语专业设置了5个系列课程模块：基础英语技能课程，高级英语技能课程，语言学系列课程，文学与文化系列课程，商务英语系列课程。

围绕这5个系列课程模块，我们承担了20多项人才培养模式、系列课程建设、教学改革、教材建设、人才队伍建设等方面的子课题，进行了一系列教学改革研究与实践，极大地提升了我校英语专业的教学水平和教学效果。这些子项目的情况见下表。

子项目类别	子课题名称	主持人
人才培养模式研究	北林英语专业教学质量与特色研究	肖文科
	英语专业英语经贸复合型人才培养模式研究	肖文科
	英语专业创新型人才培养模式的研究	李健
	英语专业创新型人才培养模式的进一步研究与实践	史宝辉
师资队伍建设	英语语言文学优秀教学团队建设	史宝辉
课程建设	英语专业语言学系列课程内容整合	史宝辉
	商务英语系列课程教学内容和课程体系改革的深化与实践	肖文科
	市场营销学双语课程建设项目	肖文科

（续）

子项目类别	子课题名称	主持人
教学改革	英语专业系列课程教学法改革研究（校级教学成果三等奖）	李健
	商务英语语体研究与商务英语教学	李健
	英语专业阅读教学的新思路	李兵
	评判性阅读教学新思路	范莉
	高校英语写作教学模式与改革研究	曹荣平
	英语专业高年级研究型课堂教学模式调查与研究	武立红
	口译课的教学模式和教学方法改革	陈晓颖
教材建设	《英语阅读教程》	李兵
	《口译教程》	孙亚
	《新编英语国家概况》	李兵
	《语言学概论》	史宝辉
	《林业经济管理英语阅读教程》（北京市精品教材立项）	肖文科
	《语用与认知概论》（北大出版社立项）	孙亚
	《语音学和音系学概论》（北大出版社立项）	史宝辉
精品课程建设	《基础英语》	祖国霞
	《高级英语》	孙亚、范莉
	《普通语言学》	史宝辉

　　这些项目围绕课程设置、教学方法、教学手段、教学内容的改革进行研究，发表了相关教学改革和教学内容研究的论文，出版了一些具有较高水平的教材和专著。

3. 成果一：系列课程模块

　　通过以上多项研究，本专业形成了 5 个系列课程模块（不包括公共课程和公选课）：

模块	系列名称	课程名称
模块 1	基础英语技能系列课程	英语语音、基础英语、英语听力、英语口语、英语阅读、英语写作基础、基础英语测试
模块 2	高级英语技能系列课程	高级英语、高级英语听力、高级英语口语、翻译、英语写作、英语论文写作、口译、科技英语、高级英语测试
模块 3	语言学系列课程	语言导论、英语语法、普通语言学、语言与文化、英语词汇学、应用语言学概论、语言学专题、英汉对比与翻译
模块 4	文学与文化系列课程	英语国家社会文化、外国文学史、英国文学、美国文学、英语散文选读、英美文学专题
模块 5	商务英语系列课程	商务英语、经贸报刊英语选读、金融英语、经济学、管理学、市场营销学、会计学原理、商务学（均英语授课）

4. 成果二：论文和著作

　　（1）论文成果：2004 年以来，在学术刊物上发表研究论文 69 篇。其中：教学法研究论文 22 篇，语言、文学、文化研究论文 39 篇，商务英语研究论文 8 篇。

（2）教材和专著：已出版和即将出版的主要教材和专著见下表。

作者	参编方式	书名	出版社	出版时间
肖文科	主编	《大学财经英语阅读教程》	外语教学与研究出版社	2002
史宝辉 李健	主编	《新编高级英语阅读教程》	中国林业出版社	2002
肖文科	主编	《精选散文英语阅读60篇》	世界图书出版公司	2004
肖文科	主编	《精选名著英语阅读60篇》	世界图书出版公司	2004
史宝辉	参编	《语言学教程》	北京大学出版社	2006
李欣	第三作者	《会展英语》	对外经济贸易大学出版社	2006
史宝辉	第一主编	《新编大学英语快速阅读》1－3册	外语教学与研究出版社	2006
孙亚	独著	《误解的认知研究》	安徽大学出版社	2006
李健	主编	《科技英语阅读》	外语教学与研究出版社	2007
范莉	独著	《儿童和成人语法中的否定和否定辖域》	安徽大学出版社	2007
史宝辉 李健 孙亚	合著	《语言交际研究与应用》	社会科学文献出版社	2007
李兵	主编	《新编英语阅读教程》	对外经济贸易大学出版社	即出
孙亚	主编	《英汉口译教程》	对外经济贸易大学出版社	即出
孙亚	独著	《语用与认知概论》	北京大学出版社	即出
史宝辉	独著	《语音学与音系学概论》	北京大学出版社	即出

5. 成果三：学生水平

创新能力：我们将英语论文写作、语言学专题、英汉对比与翻译、英美文学专题、商务学等列为研究型课程，并设置了名师讲堂4个学分和创新学分3个学分，重点培养学生的创新意识和创新能力。经过几年的努力，本专业学生成功获得了国家大学生创新性实验计划项目1项，校级大学生科研训练计划项目4项（见下表）。

项目类别	学生姓名	项目名称	研究经费	指导教师
国家大学生创新实验项目	郭晓丹	我国对外宣传中英语翻译问题的调查与研究	1万元	史宝辉
本校大学生科研训练项目	陈玉榕	中美少数民族政策及少数民族文化保护对比	1千元	武立红
本校大学生科研训练项目	张丰	英语课堂教师反馈与学生采纳意向研究	1千元	曹荣平
本校大学生科研训练项目	张川子	高校英语专业男生英语学习状况调查	1千元	高月琴
本校大学生科研训练项目	张蓝心	从生态女性主义看生态文明的现状	1千元	陈莉莎

许多学生被国内外名校录取攻读硕士研究生。2001年以来共有100多名学生当年考取研究生，近三年的当年读研率均达到20%以上，就业率达到95%以上。

本校英语专业有多位毕业生在外交部、新华社、劳动与社会保障部、国家海洋局、中国航空设计院、北京市委宣传部、中国日报、中央电视台、国际广播电台等重要国家机构和主流媒体工作。此外，大型跨国企业、国家企业、科研院所也都有我校英语专业毕业生的身影，他们在各行各业各个领域中发挥着重要的作用，为中国和世界的社会经济发展做出积极的贡献。

毕业生被中国社会科学院研究生院、北京大学、清华大学、中国人民大学、北京师范大学、浙江大学、南开大学、厦门大学、北京外国语大学、对外经济贸易大学、北京语言大学、外交学院、国际关系学院、北京第二外国语学院、中国传媒大学、广东外语外贸大学等多所著名高校录取攻读研究生，也有部分学生被香港和国外多所名校（如伦敦大学、牛津大学、悉尼大学、香港理工大学）录取。

四、研究特色和应用效果

1. 研究特色

（1）理念上的前瞻性：2000年的教育部《大纲》明确提出"必须转向宽口径、应用型、复合型人才的培养模式"，同时提出"创新能力的培养尤为重要"。学术界对复合型讨论较多，往往忽略了创新能力的问题。及时认识到这一问题并在教学实践中加以探索，在教育理念上具有前瞻性。

（2）教学上的系统性：结合"培养复合型英语专业人才，注重学生创新意识养成"的理念，将本专业的课程分为5个模块，是我们执行《大纲》精神，结合我校具体情况制订人才培养方案的结果。其中模块一、二为专业技能课程，模块三、四为专业知识课程，模块五和全校公选课为相关专业知识课程，构成了完整的系列课程教学体系。

（3）培养中的层次性：根据学生的具体情况提出不同层次的要求，指导基础好、能力强的学生选学研究型课程，为攻读研究生做好准备，反之则选学实用性、复合型的课程，为就业做好充分的准备。学生也可以根据自己的兴趣、爱好和发展方向选择自己的课程。

2. 应用效果

（1）教学评估优秀，我校英语专业进入国内先进行列。在2007年教育部组织的英语专业评估中，成绩为"优秀"。在2006、2007连续两年的英语专业评估中，对上海外国语大学、西安外国语大学、厦门大学、湖南大学、首都师范大学、北京第二外国语学院、天津外国语学院、山东大学、黑龙江大学、东北师范大学等65所学校的英语专业进行了评估，有40%的学校成绩为优秀，但在参评的21所理工科大学中，只有3所获得优秀，比例不到15%。

评估报告认为，我校英语专业办学思路清晰，学科定位明确，重视师资队伍建设，教师教改意识较强，教学设施较为齐全，办学条件好，注重学生的外语基本功和综合素质的培养，学风好，就业率和升研率高，专业四级和八级考试通过率居全国先进行列。

此外，北京大学外国语学院博士生导师高一虹教授和北京语言大学外国语学院博士生导师方立教授看了本项目的总结材料，也给予了高度评价，认为五个系列课程模块的做法非常可取，对英语专业创新能力培养的想法也开始落在了实处，"林大英语专业的课程体系建设已经达到了一个比较高的水平"（高一虹教授评语）。

（2）成功申报科研立项，学生创新能力的培养初见成效。学生成功获得了国家大学生创新性实验计划项目1项，校级大学生科研训练计划项目4项，表明这一努力已经取得了初步的成果。

（3）多次获奖，学生英语运用能力提高较快。近三年来本专业学生获得省级及以上奖项共5项：

①2004年11月，英语02-1班学生李理参加"21世纪外教社杯"全国英语演讲比赛北部

地区预赛获一等奖。

②2005 年 4 月，英语 02－1 班学生李理参加"21 世纪外教社杯"全国英语演讲比赛获三等奖。

③2005 年 11 月，英语 03－2 班学生魏文参加第十一届"21 世纪澳门之星杯"全国英语演讲比赛北部地区预赛获二等奖。

④2006 年 7 月，英语 03－2 班学生魏文参加北京市"我心中的奥运"大学生英语演讲比赛获优秀奖。

⑤2006 年 10 月，英语 04－1 班学生林宇参加"CCTV"杯全国英语演讲大赛，获北京地区优秀奖。

（4）利用现代化手段，办学水平不断提高，社会效益显著。经过本项目的研究和实践，完成了 2007 年版人才培养方案和课程教学大纲的修订工作，在保持 2002 年版方案侧重复合型人才培养的基础上，增加了更多创新能力培养的课程和内容。

本项目教师完成的《科技英语》、《新编高级英语阅读教程》等教材被多所学校选用或作为指定参考书，仅参编的北大版《语言学教程》（修订本和第三版）一书，自 2001 年以来就已售出 60 多万册。

为了充分利用网络手段进行教学和与学生沟通，本专业建设了基础英语、高级英语、普通语言学教学网站，我校还承担了《语言学教程》第三版电子版和学习网站的研制工作，该学习网站已向全社会开通。专业的教授都有自己的网站，有的教授还有博客，达到了利用现代化手段进行辅助教学的目的。

范莉博士主持的语言文化沙龙系列学术活动每两周举行一次，活动内容包括邀请校外专家、学者讲座和本校教师研讨，为师生提供了互相学习互相激励的舞台。该沙龙也建有网站，随时提供给学生有关的信息。

通过网络，我们不但可以与本校学生交流，还可以跟全社会交流，与各界学习外语的人士交流，产生了很好的社会效益。

艺术设计专业改革设计课程教学模式
加强毕业设计的指导与管理
突出培养学生创新能力

2007 年校级教学成果一等奖

主要完成人：丁密金、李汉平、周越、兰超、李湘媛

一、背景与现状分析

中国的艺术设计教育正处于高速发展时期，全国不同类型的院校，根据各自不同的发展需要，相继开办了艺术设计专业。然而各地区不同类型的高校艺术设计专业教育的发展不均衡，新老设立专业的学校之间尚存在着一定的差距。专业方向的定位，教学大纲的制定，教材与教学内容的改革，教学方法的研究，教学环节的把握，师资水平的差别都影响着专业的进一步发展。各高校之间为了各自专业的稳步发展奋发图强，形成了激烈竞争的态势。我校的艺术设计专业创办以来，从空间的环境创造和平面的视觉传达两方面，培养合格的设计人才，在人才的培养方案、课程内容、教材、教学环节及教学方法等方面开展了大量的研究和改革工作。

北京林业大学艺术设计专业的毕业生走向社会，从事的是艺术设计创作工作，是设计师。而设计师的核心价值是创新性。一个好的设计方案，一件好的设计作品，必须有好的创意和高超的艺术表现手法。没有独到的原创性，即使其表现手法再精湛，也算不上是好的设计，其设计者也只是一般的匠人。因此培养学生的创新能力是艺术设计专业教学改革极为重要的课题。对此问题的看法，艺术设计系的全体教师在教学实践中得到了统一的认识，其思路非常明确。围绕如何培养创新能力的问题，在执行 2002 版教学计划的过程中，有计划有步骤地开展了两大方面的工作。一是研究探讨如何改革系列主干设计课程的教学内容和教学方法，提高学生的创新能力；二是在毕业设计环节中如何突出培养学生的创新能力。

二、具体措施与实施情况

1. 围绕培养创新能力，改革主干设计课程教学

设计课程在常规的教学状态中，教师要向学生传授设计原理、设计手法、分析传统的范例，要求学生独立或分组虚拟一个选题完成设计作业。在课堂完成作业的过程中，教师根据每个学生或小组的不同情况进行个别辅导。以这种教学模式完成教学，学生能掌握基本的设计知识和设计技能。但是，学生的设计作业中大多是照本宣科、端正平庸，难得见到创意独到，手法新颖的好作品。分析原因是课堂教学的形式陈旧、课堂气氛沉闷。打破这种沉闷的

局面，有许多方法可以探讨，其中加强实践性教学环节是行之有效的办法。设计课程的实践可以分为课程实践、赛事实践和行业实践等多种形式。近年来，我校艺术设计专业在不同的方面都做了不同的尝试，并取得了可喜的成绩。

最突出最成功的探索是加强了赛事实践，把设计竞赛纳入课堂教学之中。在艺术设计教育蓬勃发展和社会设计行业日趋兴盛时期，各行业的主管部门和行业协会、大型企业，纷纷举办具有较高水准的全国性、国际性的设计竞赛。这些竞赛活动围绕某个主题作明确的命题要求，规定参赛条件和选拔程序，确定学术水准。能入围、参展、获奖，表明了设计者的学术水平得到专家、行业和社会的认可，甚至一鸣惊人。艺术设计专业有选择地将一些竞赛活动与课堂教学紧密地结合起来，将其充实了课堂教学内容。教师把形成普遍常见的设计规律和设计方法传授给学生，让学生学会把握创作规律，掌握基本的设计技能。在此基础上将学生个体在大赛课题建立、观察调研、创作主导、作品提炼、执行表达、创意手法等方面有效进行组合调配。这时教师的角色不仅是知识的传授者，也是设计的需求者、设计表现的评判者、调动制作的主持人等；最后教师鼓励学生将自己的潜能利用不同形式激发和显现出来，发挥个性创作意识，开发个人潜能，形成个人风格。通过这种赛事实践的教学模式改革，我校的设计教学近年来取得了实质性的发展。学生的创新能力和整体设计水平不断得到提高，我校学生相继在各类大赛中获得荣誉，如获"高教杯全国大学生广告设计大赛"二等奖，获中国环境艺术学年奖铜奖，"东＋西大学生国际海报双年展"获得优秀奖等，同时我校获得最佳组织奖。赛事实践的教学模式使创新教学具有生命力，学生从中获得荣誉感和学习的动力。现在赛事实践成为艺术设计专业培养学生创新教学不可缺少的一个重要环节。

2. 培养创新能力，改革毕业设计的指导和管理工作

毕业设计在艺术设计专业的大学本科教育中具有十分主要的位置，处于整个教学体系的终端。在大学本科教育的所有教学环节中，它是四年教学成果的检验课程，成为学生进入社会之前的一次专业实战性演练。由于艺术设计自身的专业特点，要求学生具备较强的理论思辨能力、设计创新能力和相应的动手性极强的设计表达技能。要使学生的综合素质，尤其是创新能力在毕业设计中得到体现，必须有完备的毕业设计管理制度和新的指导方法。我校艺术设计专业对此有明确的规定和具体措施。

首先，确定我校的毕业生既要做毕业设计又要做毕业论文，要求理论思辨能力、设计创新能力和设计表达能力并重。并且要求论文和毕业设计选题相关联，在论文中必须要写进毕业设计的内容，促进学生从理论角度理清设计思路。

其二，指导教师搭配分组，在艺术设计系教师队伍中，有教设计课的教师，有教造型基础和设计基础的教师，还有教理论的教师。我们把专业的设计教师与基础教师按年龄结构、职称结构搭配起来，两人一组。一个学生有两位指导教师，两位教师的指导在合作的前提下有分工。从设计方案的指定到具体操作以及审美的把握，两位教师协商后分头指导，这种分组指导符合艺术设计的专业特色和设计系教师队伍的实际情况，收到了良好的效果。

其三，从理论深度认真探讨艺术设计专业毕业设计的指导工作。毕业设计是一门训练学生专业综合素质的课程，对学生形象思维和逻辑思维的能力训练要求较高。其系统的工作方法和严谨的程序演绎，都要有相应的理论作指导。因此，我系骨干教师以探讨艺术设计专业毕业设计指导为题申报了校级教改课题。经过一段时间的探索实践，主编出版了一本大学生毕业设计指南丛书——《室内设计专业毕业设计指南》教材。此教材被许多高校采用，得到各高校师生的一致好评。

其四，结合组织竞赛活动开展毕业设计。我们从诸多竞赛活动中挑选适合专业特点，符合学生实际情况的竞赛。在下达毕业设计任务书时将竞赛的命题和形式要求作为毕业设计的选题，教师和学生共同商讨，个人或分组承担设计任务。一般来说大赛的要求都高于毕业设计的要求，强调原创性，教师在指导过程中严格按大赛的规定来要求和指导学生。学生做这种选题情绪饱满，积极性高。在设计过程中，学生都会打破常规的设计思维模式，在独创性上下功夫。教师也会绞尽脑汁的开拓思路。

通过这种形式的锻炼，即使作品未能入选大赛，但学生的创新能力和相应的设计表达能力得到全面的提高，真正是毕业前的实战演习。在教师和同学的共同努力下，近年来我们的毕业设计作品连续入选全国设计大赛，获得了佳作奖、优秀奖、三等奖、二等奖。艺术设计系还获得了优秀组织奖，丁密金、李汉平、刘冠、王磊、程亚鹏老师被评为优秀指导教师，师生在这种毕业设计过程中真正做到了教学相长、成效显著。

三、取得的成果

围绕培养学生创新能力这一主题，回顾我们所作的工作，总结所取得的成果，可归纳为如下五个方面：

（1）通过培养学生创新能力的研究与实践，思路更加明确，措施更为具体，在修改人才培养的过程中，把培养学生创新能力的内容明确的写进新版人才培养方案之中，使新版人才培养方案更加合理完善，符合时代发展的需要。

（2）从理论的深度和广度系统的探索培养创新能力的措施与途径，探索毕业设计的指导与管理办法。相关论文在全国艺术教育研讨会上交流并发表，主编出版了《室内设计专业毕业设计指南》教材。

（3）多位教师在全国性设计竞赛活动中被评为优秀指导老师。丁密金、李汉平、刘冠、王磊获 2007 中国环境艺术设计学年奖优秀指导老师。程亚鹏老师在第二届华人大学生海报创意设计大赛中被评为优秀指导老师。

（4）艺术设计系两次在全国设计大赛中获优秀组织奖。2006 年大学生国际海报双年展，因我校学生参赛和获奖人数多，被评为优秀组织单位。因我校连续三年有学生在中国环境艺术学年奖中获奖。艺术设计系被评为优秀组织奖。获奖作品的指导教师有丁密金、李汉平、周越、刘长宜、刘冠、王磊、程亚鹏、李湘媛、赵雁、王瑾、高喆、公伟。

（5）学生设计作品参赛获奖逐年增多，充分证明学生创新能力全面提高。自 2003 年以来艺术设计系 70 余人，100 余件作品，先后近 30 次参加全国性、国际性设计大赛，获奖等级从优秀奖到一等奖逐年升高。此项成绩在全国农林院校艺术设计专业中处于领先地位，在综合性大学中也居优秀行列。

生态学系列课程教学改革的研究与实践

2007 年校级教学成果一等奖

主要完成人：李俊清、刘艳红、韩海荣、牛树奎、郑景明

一、项目研究背景

适应于我国林业由以木材生产为主向生态环境建设为主的战略转变，相应的林业专业教育的重点也集中到生物多样性保护、自然保护区建设和生态系统经营方面，为成功的实现我国林业历史性转变提供人才保障。

本项目从培养理念和目标、课程内容和体系、教学方式和手段、理论教学和实践教学等进行改革。生态学系列课程的改革为我校从林业专门化大学向多科性综合性大学发展奠定了坚实的生态学基础，推动我校，同时也辐射其他相关院校林业专业、环境科学专业和自然保护区专业的发展，为培养出既有林业专门知识同时具有环境保护观念和环保技能的新型人才做出了突出贡献。

二、目标和指导思想

生态学犹如大厦的地基，其课程设定、研究领域、涉及范围，都对相关专业人才培养和专业质量产生重大作用，也是国家重大林业工程和生态环境建设不可缺少的基础理论课程。本项目旨在培养具有开拓精神、高素质、能够灵活运用生态学理论分析问题和解决问题的本科人才。

1. 强化生态学理念和保护自然环境的责任感

生态学是一门涉及人与自然关系的课程，所以，教学中培养学生的生态观念，保护自然、热爱自然和维护生态平衡的责任感，也就是结合课程特点达到教书和育人的统一，学习生态专业知识和提高个人思想观念相结合。通过生态学教学使学生树立远大的理想、宽阔的胸怀和保护自然环境的责任心是本项目的重要目标。

2. 教学内容和教学模式改革

在继承的基础上改造传统的课程体系，建立起适应生态科学发展和我国生态环境需要、并能与国际接轨的生态学课程体系；开设生态学的必修课、选修课和任选课，面向全校开放。

3. 以教育创新为目标，注重学生创新能力培养

理论联系实际，培养学生独立思考和观察能力的教学体系，使同学们系统掌握生态学的理论和科学研究方法，尤其是培养学生发现问题和解决问题的能力，激励学生的创新精神。

4. 通过该课程改革与建设，建立起有效的课程运行机制

形成一个以生态学理论课为主干，并包括实习课在内的课程体系；将教学实践、理论学习和科研创新融为一体，建立有效的运行机制，保证生态学课程的先进性和可操作性。

三、研究内容

1. 优化课程结构（5223 课程结构）

对于传统的以森林生产和经营为主的生态学课程内容进行整合，从思想体系到课程结构进行 5 个方面的调整：① 以生物圈（生态观的依据）和生态系统为主线，从生态系统的基本特征和规律出发，树立学生的整体生态思想和生态观念；② 结合农林院校主要专业特色，把森林和环境密切结合，实现农林院校各类生态环境类专业的培养目标；③ 突出森林的特色，从森林环境到生物群落和森林生态系统各个方面系统揭示森林的生态规律；④ 紧紧把握国内外生态学的动态和最新进展，发挥归国留学教师熟悉国外的优势，跟踪并讲授本课程的前沿知识；⑤ 把环境变迁、生物进化、全球变化、生态文明和生态系统管理等最新成果引入课堂。

为了配合上述课程内容的改革，把教学内容分为校内和校外 2 个课堂；理论和实践 2 个环节；生态学原理、生态学方法（实验实习）和生态学应用（科研最新成果）3 个层次，丰富教学内容和优化课程结构。

2. 完善教学方法和教学手段

考虑到生态学原理少概念多的特点，采取多样化的教学方法和手段：① 主题讨论：林学专业讨论森林生态功能和自然保护，生物专业讨论入侵物种，园林专业讨论城市绿岛和生态道路，城市规划专业讨论生态设计等，提高学生的视野和思路；② 研究课题讨论：结合我校生物和林学等专业本科生研究小组的课题，针对科学问题、研究方法和结果等进行讨论，提高学生的科研能力；③ 学生演讲活动：结合本专业和有关参考资料，并针对某一章节内容学生开展演讲，陈述自己的观点，挑战传统生态学理论；④ 专题讲座：针对当前生态学的前沿领域，邀请国内或者国外专家进行专题讲座；⑤ 教学手段改革：将授课内容制成多媒体课件，连同习题库、参考文献等全部利用 Internet 系统，面授或自学，探讨利用计算机和多媒体等手段来提高教学效果的途径。

教学方法和手段的改革，一是调动了老师和学生二个积极性，改一言堂为群言堂，二是发挥课堂上和课堂下二方面的作用，学生不仅从课本上，而且从研究中、讨论中和大量的阅读中获得知识，增长才干。

3. 创立系列课程和课程群（3 类课型 3 种方式 5 门生态课程体系）

创立系列课程和课程群，具体包括：① 将生态学分为 3 类课型，即生态学 I（森林生态）、生态学 II（基础生态学）、生态学 III（应用生态学）；② 采取 3 种课修课方式，增加多门生态选修课，为了满足那些期待深入掌握生态学理论的学生和那些非生物和非环境类专业学生了解生态学知识等多种需求，开设多门生态学任选课；③ 适应专业需求开设 5 门不同生态学课程：面向林学、生物、园林、自然保护区等专科分别开始森林生态学、普通生态学、城市生态、植物生态学、景观生态学等系列生态学课程；④ 创立生态学相关的课程群：适应林业战略方向的转变，从生态学基本理论出发新开设保护生物学，给生态环境类专业学生增加自然保护知识，新开设森林资源与环境导论，提高其他专业学生的环境保护意识，创立完整的生态学课程体系和课程群。

4. 加快教材建设(生态、保护、旅游与资源环境系列教材)

适应于课程体系的改革，加快教材建设：①北京林业大学于 2003 年 6 月立项，批准进行《森林生态学的教材》编写，2006 年高等教育出版社出版；② 同时编写生态学的辅助教材《森林生态学实验实习方法》；③ 针对全校非资源与生物类专业的通识课，我们编写了《森林资源与环境学导论》；④ 针对新创建的环境专业、自然保护区和旅游管理专业主编了《保护生物学》、《生态旅游学》和《生态旅游资源》；⑤ 积极组织主编或参与编写了多部相关教材，实现了各个专业都有最新的、规范的、高规格的适用对口教材，建立了生态、保护、旅游与资源环境 4 方面的系列教材，跟上林业改革和发展的步伐

5. 实现双语教学(专业和外语双提高，学生和教师双受益)

为了跟上现代社会培养高素质、高水平与国际接轨人才的需求，充分发挥留学归国人员的优势，开展双语教学，激发了学生的学习兴趣，提高了专业和外语水平，获得良好效果。具体措施包括：① 采用国外原版教材，从美国、加拿大和英国等高等教育先进国家分别遴选出适合不同专业的原版教材，如林学专业使用加拿大 Kimmins 的《Forest Ecology》，生物专业和草业专业采用英国 Molles 的《Ecology》,；② 培养双语教学师资队伍：通过教改项目形式培养年轻教师双语教学能力，包括积极参加校内外举办的各种培训班，新老教师观摩教学等形式；③ 引进国外优秀人才，分别从美国和加拿大引进 2 名双语教学的老师，补充双语教学师资。双语教学既教授学生专业知识也提高外语水平，既锻炼教师的教学能力也培养了师资队伍，实现了专业和外语双提高，学生和教师双受益。

6. 强化实践教学

实践教学是本项目研究的重要改革内容：① 实习方法改革，强化实习环节，对于全部生态学必修课程均单独开设了实习课程；② 针对每个专业特点有针对性地采用不同的实习方法，2004 年和 2005 年学校分别批准教学改革立项，进行林学专业生态学综合实习内容改革和不同专业生态学实习方法改革，获得优秀成绩；③ 增加新内容，除对原有内容不断进行更新外，增加了生态学研究新方法和技术的应用以及综合性、设计性实验内容；④ 要求学生自己提出并设计一部分实习内容，由培养学生实验技能为主转向技能与运用理论知识综合分析、解决实际问题能力和创造性设计并重；⑤ 分不同专业撰写系统实习指导书，按调查、观测和实验三种方法设计实习课程，达到掌握自然现象、探索自然规律和解释自然奥秘的目的。

7. 改革课程考核制度

考核制度是引导学生适应教学改革的一个杠杆：① 对于生态学 I(森林生态)、生态学 II(基础生态学)普遍采用全程化课程考核，包括平时成绩、课程论文或课程设计成绩、实验成绩、实习成绩、期末考试成绩；② 引导学生注重平时的学习和积累，没有实习的全校选修性课程主要采用课程论文、平时和期末成绩进行考核；③改实习报告为野外调查与研究论文，为创建学校品牌专业人才贡献了力量。

四、取得的研究成果和实践效果

通过以上研究思路和改革措施，取得了丰硕的研究成果，包括：

(1)生态学系列课程改革思想得到实施和应用，使生态学系列课程在林业大学具有不可

缺少的地位。目前全校开设的生态学系列课程既注重基础，又具有广泛性（森林资源与环境导论已在非资源与生物类专业中普遍开设）。

（2）教材建设成效卓著。生态学系列课程全部由课题组成员主编（或副主编）。实现了教学改革的目标。

（3）积累了一整套双语教学经验。既培养了生态学人才，同时也培养了青年教师。承担双语教学教师的教学水平得到显著提高。

（4）生态学实践教学成效显著，不同专业的生态学实习内容和方法得到不断改进和完善。

同时，基于人才培养的生态学系列课程教学改革的研究与实践的效果显著。主要体现在以下方面：

（1）学生的专业能力和综合素质明显提高。通过本项目学生的专业能力明显提高，平均每专业考取（包括保送）研究生的本科生（林学和环境科学专业）中有30%考取了生态学研究生，其中有15%到北大、清华、北师大和人大等著名大学。有5%出国留学。如林学专业1999级毕业生郭玉石赴美国攻读生态学研究生，回国后成为国际大公司－盖洛普（GALLP）公司的副总裁。2001届环境科学毕业生任艳林考取北京大学生态研究生，师从方精云院士；张华荣考取美国生态学留学生，2000级环境科学本科生葛之葳考取北京师范大学生态学研究生，师从张新时院士，环境科学专业2001级宋泽伟考取美国攻读博士的研究生。

（2）毕业生迅速胜任工作，减少了培训成本。毕业生到工作单位后能够迅速适应与生态环境有关的专业性或者业务性工作，减少了用人单位二次培训的成本，如林业专业2001届毕业生马宇飞到国家环保部工作，迅速负担起生态保护和农村环境方面的工作，获得单位的好评。2004届环境科学专业肖朝明在交通部环境保护中心，负责港口和公路工程的环境影响评价和风险评估等，表现突出，获得用人单位的高度评价。

（3）实现了专业调整。由于课程改革为与生态学相关联的专业奠定了坚实的基础，为传统林业专业调整和优化培养方式迈出了关键的一步。比如我校在全国林业院校第一个建立环境科学专业，我校自然保护区专业的招生、国家林业局自然保护区研究中心和自然保护区学院的成立就是生态学人才培养改革的最直接和最典型的成果。

（4）为三个专业开设双语教学，达到教育部要求。分别为林学、生物科学和草坪管理等专业开设了生态学双语课，在提高学生学习质量的同时，为这些专业达到教育部的每专业必须开设至少一门双语课程（生态学是唯一的一门）的要求，为培养与国际接轨的优秀人才做出了突出贡献。

（5）生态学双语教学效果显著。自2002年开设生态学双语教学以来，我校理科基地生物科学专业的学生对生态学产生了极大兴趣，并向生态学研究方向转向，如2004级李佳保送人民大学生态学硕士研究生，2005级聂鹤云、苏丽芳等保送中科院系统生态学硕士研究生，吴宁等成功地申请国外就读生态学硕士等。

（6）改革实习报告为研究论文。由于改革实习内容，为野外调查与研究论文提供了保障，鼓励学生通过实习写研究论文。包括林学专业在内的生态学实习使学生的实践能力得到明显提高，每年学生都高质量完成了实习论文，其中的优秀论文达到公开发表水平，在核心刊物上发表文章1篇。为创建学校品牌专业人才贡献了力量。

五、项目的推广及应用

本成果经过两年的实践检验，具有应用范围广、受益时间长、实用性强等特点。成果的双语教学和实践教学模式已经被北京农学院等单位学习和借鉴，尤其是对品牌专业综合分析问题和解决能力的塑造，为相关专业人才的培养树立了样板。《森林生态学》和《保护生物学》成为深受全国农林院校欢迎的教材，多次印刷并开始和完成第二版的修订。生态学已经成为全校十个优秀教学团队之一，我们的教学改革和成果为全校乃是相关院校的生态学人才培养和教学改革提供宝贵经验，得到了同行的赞许和首肯，双语教学人才培养的改革也为学校相关专业课提供了模式。由于系列课程的改革为与生态学相关联的专业奠定了科学基础，为传统林业专业调整和优化人才培养方式做出了突出的贡献。

"ERP 原理与应用"教学方法开拓与实践

2007 年校级教学成果一等奖

主要完成人：张莉莉、武刚、王新玲

大学教育不只是教授学生科学知识，更重要的是培养和锻炼学生的分析问题和解决问题能力，激发他们的主动性和创造性，提高相互合作与协作的修养。所以，课堂教学的组织只有充分考虑到这些方面，才会收到良好的效果，对学生乃至对社会才会有益。

一、现状分析

随着我国企业信息化建设的进程逐步加快，近些年来，ERP（企业资源计划）的实施在越来越多的企业取得成功，社会对 ERP 人才的需求越来越迫切。然而，合格的 ERP 人才却极其匮乏。

目前，在教育部和我国一些大型管理软件公司的积极推动下，对高校 ERP 课程的教学研究越来越深入，形成了"校企结合"的办学模式，促进了教学实践水平的提高，达到校企双方双赢的目的。由此，大大促进了 ERP 的教育和人才培养的进程，为我国企业信息化建设的发展奠定了人才基础。

一些管理及财经类院校，积极开展教学体系的改革，以 ERP 为核心来规划课程体系和教学内容，改进教学方法，取得了可喜的成绩。但是，从目前国内一些高校已经开设的 ERP 相关课程情况来看，也存在一些问题，比如在 ERP 理论方面讲述偏多，ERP 软件应用的效率偏低，特别是 ERP 实践应用能力的培养更是薄弱环节。

本成果完成人长期以来一直关注并积极探索着"管理应用类"课程的实践性教学方法的改革之路。经过多年来对计算机与企业管理相交叉领域的应用研究，不断探索、改进教学法，通过对北京林业大学信息管理与信息系统专业的"ERP 原理与应用"课程的教学方法改革研究，总结出适合本科专业教学的"体验式教学法"，并成功实施多年。

二、改革思路

"你讲给我听，我知道了！你让我动手，我会马上掌握！你让我快乐学习，我会主动去获取知识！"

"体验式教学法"是目前提高教学实践水平的有效方法，它是指学生在教师积极有效的帮助下，开展研究式学习和体验式学习，提高创新素质，努力形成创新人格的教学方法。教师由原来的解说者和知识传播者变成为学生学习的帮助者和促进者，由听讲模式变成教师设计情境，创造宽松教学氛围，允许多元思维并存，让学生动脑、动口、动手，使学生不再是知识的容器，而是创造者和学习的主人。

"体验式教学法"给教师的教学带来很大的施展空间，教师可以在课堂上"设计"出不同的体验式的教学情景来启发和调动学生的积极性，但同时，也对教师提出了更高的要求。教师自身必须积极调整教学思想，改变在课堂上"走"教案的现状，通过"教学情境"的设计，让学生在"体验式教学"活动中对知识有更透彻的理解；教师还要充分地了解学生的想法，如果学生没有按照"教学设计"做出反应，而生出一些"奇思妙想"，老师则要巧妙灵活地对学生进行正确引导。

当然，要想使课程讲授成功，还要在学科专业的培养目标指导下进行，才能使各门课程协调运行，才能达到培养目标的要求。

（1）结合专业特点，确定课程的教学目标

针对信息管理与信息系统专业培养既可以从事信息管理，又可以胜任信息系统设计开发的复合型人才的目标，"ERP原理与应用"课程的教学目的应该达到使学生掌握企业内部经营运作的业务流程，深入理解物流、资金流、信息流的内涵，掌握ERP软件的操作和ERP软件的功能分析，进而更好的学习设计ERP系统。

（2）高效地组织教学活动

如何在有限的学时里，传授给学生更多、更新的知识，是值得研究的问题。

第一，教师要转变教育观念，积极改进教学方法。

培养学生的创新能力已经成为大学素质教育的核心问题，教师要解放思想、更新观念，提高自身的全面素质，积极探讨启发式、互动式的教学形式，科学的组织教学与实验活动，利用教与学的互动作用，提高教学效果，使教师由知识的传授者、灌输者转变成为学生学习的组织者、指导者和促进者。

第二，利用现代化教学手段，增大课堂信息量。

采用投影、幻灯、录音、录像、计算机及网络技术，使教学活动形象、生动、直观，增大课堂教学内容的信息密度；同时，通过远程调用辅助教学课件，以优化教学质量，提高教学效率。

第三，通过制作ERP辅助学习软件和工具，进一步为学生自学提供便利条件。

第四，通过建设网络课程，上传下载、网上讨论等途径教学互动，也是对课堂教学的进一步补充。

通过这些方式，使课堂讲授、课后自学、课后讨论交流三个方面有机结合，达到了教与学互动式的教学效果。

三、研究成果内容

自2003年以来，本成果完成人对所承担的"ERP原理与应用"课程，进行了教学方法的改进和尝试，并与"用友管理软件公司"开展"校企"联合，在教学中以用友ERP软件为载体，讲解ERP的原理及应用，并在教授学生熟练使用ERP软件功能的基础上，开展以"实战演练"为形式的体验式教学，运用ERP软件对企业经营活动进行实战模拟，使学生既掌握了使用ERP软件对企业各项业务进行处理的方法，又掌握了企业经营运作活动的管理方法，对ERP的理性认识和感性认识两方面都得到增强。

至今，经过不断改进和完善，已使该课程从教学内容、教学方法、实验环节、辅助教学以及成绩评定等方面形成了一个较完整的良好的教学体系。

以下主要从 8 个方面展示本课程教学研究的成果:

(1)课程的组织——"体验式教学法"的运用:

"ERP 原理与应用"课程教学包括"课堂讲授"和"实践应用"2 个环节。

"课堂讲授"环节:由于该课程是体现计算机在企业管理中应用的实践性课程,涵盖的信息量大、内容复杂,而且业务流程和数据流程使用图表较多,因此,采用与多媒体幻灯片相结合的方式进行课堂教学。

"实践应用"环节:使用 ERP 软件为载体,开展 ERP 的应用实验。实验内容包括 8 个单项实验和 1 个综合实战演练式实验。首先,要求每位学生熟练使用 ERP 软件的功能,完成 8 个单项实验任务,达到对软件功能的熟练操作;然后,采用"实战演练"式的"体验式教学法"开展综合实践活动模拟。

"实战演练"体验式教学法实施的思路:以班级为单位组建一个企业,并划分部门和工作岗位,使每个学生承担企业的一个工作岗位的角色;根据教师所给的业务资料和实验要求,学生设计企业经营情境、编写剧本、模拟表演,通过每个人所承担角色的任务,亲身体验企业正常经营活动的过程、体验各岗位的业务工作和各部门之间的协作关系,学习企业经营管理的理论方法和管理流程;同时运用 ERP 软件,在企业各个部门以及各个角色相互配合协作下,共同完成企业全部的业务工作。

通过这种方式,模拟了企业在信息化环境中,各部门如何相互协调并完成好各项经营活动,使学生对企业信息化条件下的管理工作有更切身的理解和体会。同时,也促使学生开动脑筋、集思广益、勇于创新,充分调动和发挥了学生自主学习、相互配合、协同作业的积极性,也锻炼了分析问题和解决问题的能力。

(2)制作授课 PPT 幻灯片:

通过 PPT 幻灯片,配合课堂讲授企业信息化、ERP 原理及其工作流程、ERP 软件功能使用等方面的知识。ERP 是先进企业管理模式与计算机技术相结合的产物,随着管理模式的变革,信息技术的飞速发展,ERP 在不断发展和成熟,因此,课程内容也随之不断更新和完善,同时,PPT 幻灯片内容也在不断更新和充实。

(3)编写"ERP 原理与应用"实验指导书:

本实验指导书是本课程实验教学环节使用的资料,为学生顺利完成实验提供保证。实验内容的 8 个单项实验,详细、完整地提供了每个实验的功能概述、实验目的、实验要求、实验数据资料、操作指导 5 个项目。

本课程实验的 8 个单项实验的内容包括:客户订货、排程业务、产能管理、采购业务管理、委外业务管理、生产业务管理、销售发货业务管理、财务业务处理、期末处理。通过对 8 个实验的操作,达到使每个学生对 ERP 系统软件功能的熟练操作的目的。

(4)编写 ERP 实战演练剧本:

本成果所展示的 ERP 实战演练剧本是为了使学生顺利开展"实战演练"综合实验,教师编写的剧本的样本,共计 1.3 万字。剧本描述了一个企业在信息化管理工作中,如何使用 ERP 软件来开展企业的各项生产经营活动。它是进行"实战演练"实验的依据。实战演练时,每个班级都要独自完成各自企业的剧本的编写,目前已经积累了 24 个剧本文件。

在"实战演练"综合实验中,每个班级各自完成自己的剧本创作任务,根据设计的剧本剧情,自导自演,亲身完成企业的模拟经营。这种方式促使学生开动脑筋、集思广益、自主创新，充分调动和发挥了学生自主学习、相互配合、协同作业的积极性，同时，也锻炼了分析问题解决问题的能力。

（5）制作 ERP 生产管理系统实验数据账套：

除了实验指导书中所提供的数据资料以外，还按照不同模块制作了不同实验阶段的数据账套。共计 13 个数据账套，近 600M 磁盘空间。

学生使用时，只需将某模块的实验账套数据导入 ERP 系统，即可进行该模块的功能练习。采用这种办法，使学生随时可以对任意模块进行练习，提高了功能模块学习的灵活性和实验效率，也有利于满足不同学生对不同实验进度的要求。每个实验既可以环环相扣，也可以独立运作，适应了针对不同层次学生教学的需要。

（6）拍摄录像片：ERP 实战演练录像片：

该录像片共计 1.5 小时，所有角色均由信息管理与信息系统专业学生扮演。该录像片拍摄的是企业在实施信息化建设的过程中，使用 ERP 软件如何开展企业管理的工作。

通过视频的方式，更生动形象地表现企业经营管理的活动和过程以及 ERP 软件的应用，再现真实生动的工作场景，拉近理论与实践的距离，更容易使学生快速地学习 ERP 的工作原理。

将每个班级每次进行实战演练所拍摄的录像制成视频文件供学生观看学习，已经积累了20 个班级的视频文件。

（7）编写教材 3 本：

张莉莉主编《用友 ERP 生产管理系统实验教程》（清华大学出版社 2007 年 2 月）；武刚主编《信息化管理与运作》（清华大学出版社 2007 年 7 月）；王新玲主编《用友 ERP 财务管理系统实验教程》（清华大学出版社 2006 年 9 月）。

（8）编制了 2 个计算机辅助学习软件：

ERP 生产管理系统操作学习软件：该软件针对实验所使用的用友 ERP 软件，利用视频编缉工具而制作的。该软件按照实验要求，对各个实验内容的操作过程进行录制，制作出 9个部分的实验学习内容。通过观看该软件的内容，可以帮助学生进一步熟练操作步骤和实验流程。

ERP 生产管理系统仿真模拟软件：该软件是利用仿真软件工具编制的对用友 ERP 软件的功能环境进行仿真模拟的辅助学习软件。它可以模拟真实的用友 ERP 软件环境和功能，学生根据软件的提示，通过键盘或鼠标输入数据来使用 ERP 软件的各项功能，从而完成对 ERP 软件功能的操作学习。

通过该软件，可以体验到真实的 ERP 软件的功能操作，可以摆脱大型的、真实的"用友ERP 软件"对计算机硬件配置和软件环境的限制要求，安装在任何计算机上均可使用。

四、实施应用情况

（1）2003 年首次针对信息管理与信息系统专业本科生开设的"ERP 原理与应用"课程，将"体验式教学法"应用在教学实验环节中，历经 2000 级、2001 级、2002 级、2003 级、2004 级、2005 级 24 个班级的教学活动，均收到良好教学效果，受到学生和专业学科的好评。同时，积累了 24 个班级的 ERP 实战演练剧本、20 个班级的 ERP 实战演练录像片等其他相关资料。此外，经过不断改进和完善，该课程从课堂教学、实验环节、辅助教学等方面形成了一个良好的教学方法和模式。

(2)"实战演练"式的体验式教学法作为北京林业大学 ERP 课程的教学方法和经验，2004 年在东北财经大学由用友公司和中国软件协会举办的"全国高等院校 ERP 课程交流大会"上，针对 ERP 教学方法做了主题演讲；还在河北经贸大学、江西财经大学、中南林学院、上海会计学院等高校进行过"体验式教学法"的经验介绍。曾在用友公司 2004、2005、2006 年主办的全国高校 ERP 教学经验交流大会上作过学术主题演讲。其中，在 2004 年获用友公司颁发的"教学方法创新奖"。

(3)编写的《用友 ERP 生产管理系统实验教程》教材已被用友公司作为培训教材广泛使用；被一些高校定为 ERP 教学用书(如：北京林业大学、北京语言大学、北京农学院、北京信息科技大学等)。

(4)从 2007 年 7 月开始，进一步将"体验式教学法"应用在"工商专业课实习"的教学中，成功推出"ERP 沙盘模拟课"，以实物沙盘为工具，模拟企业经营决策活动，让学生亲身体验经营企业的全过程，亲历成败兴衰。"体验式教学法"作为对"工商专业课实习"的教学改革，也收到了良好的教学效果。同时，针对该课程的企业经营管理决策开发的"企业经营决策模拟"软件，2008 年获得软件专利权。

(5)在"财会月刊"(2005 年第 2 期)发表的"关于 ERP 课程教学与实践的探讨"论文，获2006 年第 4 届中国林业教育研究优秀论文二等奖。

(6)从学生就业方面反馈的信息来看，由于对 ERP 的知识掌握得较全面、较扎实，很多人从事了与 ERP 相关的软件开发、软件测试、信息管理、信息咨询与培训等工作。随着我国全面信息化建设的蓬勃发展，ERP 系列课程的开设将为学生提供更多有前途的就业机会。

五、研究成果创新点

(1)运用"体验式教学法"，把企业搬进课堂，模拟企业环境，促进理论知识与实践应用相结合。

运用"实战演练"式的"体验式教学法"进行企业经营活动模拟，由于学生亲历亲为，相互配合，共同经营企业，在生动、活跃、互动的学习氛围中快乐学习，提高了学习效率，增强了对理论知识的理解力，掌握知识更加扎实，同时，也激发了学生自主学习、积极思考的兴趣，培养了相互协作的团队精神。

(2)拍摄 ERP 实战演练录像片，可以更直观地理解如何用 ERP 软件来处理企业的业务工作，使学生快乐地学习。

(3)制作 ERP 教学辅助软件，有助于提高学习效率。

使用"ERP 生产管理系统操作学习软件"可以通过观看来学习功能的操作；使用"ERP 生产管理系统仿真模拟软件"可以通过人机交互，动手操作来学习，有利于快速掌握 ERP 软件的实际操作。同时，可以摆脱 ERP 软件的限制要求，高效地学习。

(4)制作不同模块的数据账套，可以满足对 ERP 软件任意模块练习的需要，有利于针对不同层次的学生因材施教，使得 ERP 实验更加灵活方便。

本成果注重加强实训指导、加强案例教学和实践教学。"体验式教学法"尤其适合在"管理应用类"课程教学中应用，它将对促进管理理论与实践活动的有效结合，提高学生复合型能力的培养起到积极的推动作用。

土壤学系列课程教学改革与实践

2007 年校级教学成果一等奖

主要完成人：孙向阳、聂立水、李素艳、戴伟、查同刚

教学内容、课程体系及其教学方法与手段的改革，是高等教育教学改革的核心，是一项综合性、系统性极强，且涉及面很广的改革。根据现代教育理念，按照社会需求、培养目标、课程体系、管理制度和评价方式等，实施林业系统教学中土壤学系列课程教学改革，对于我国林业教学系统的健康发展有着重要的理论和现实意义。

一、课程改革与建设的背景

21 世纪最重要的是经济的发展和人才的培养。教育是经济发展的产物，是促进经济发展的强大因素，同时又是人才培养的重要方式，教育应具有超前性。我国的基本国情决定了农林和农林科技的发展是重中之重，这就要求农林科研人才应具备强大的专业知识和实际操作能力，这是农林科研人才业务素质的主体，同样成为高等农林院校教学内容和课程体系改革的基础。

土壤学是我校长期开设的特色重点专业基础课，是水土保持、园林、林学、园艺、环境科学、环境规划、草业科学等众多学科的重要专业基础课程，该课程已有长久的历史。近十年来，本课程在教学内容、课程体系、教材建设、教学方法与手段、师资队伍建设等方面都取得了突出的成果，满足了本科生、硕士生和博士生多个层次教学系列的需要，在全国诸多园林类高校开设的土壤学课程中一直处于相对领先水平。

进入新世纪以来，我们的教学面临着知识更新、专业要求加强、学时减少的新问题，针对这些情况，我们从新教材的编写、课程的延伸和新课开设、实习教学法改革等多方面进行了改革和尝试，以期满足社会、学生等各方面的要求。

二、主要成果

1. 构建了新的符合林业院校体系要求的土壤学课程体系

在土壤学的理论思考和教学实践中，本学科及课程团队集中精力从事学科基础理论和课程体系方面的研究，包括土壤资源学和土壤生态学等课程的改革与建设，为课程和教材体系的改革奠定了重要基础。课程建设有明确的指导思想：课程教学内容改革要体现"全面性"、"系统性"、"发展性"、"实践性"、"精华性"的原则。从以书本知识的传授为主转变为以全面系统化的理论分析为主；从对现有工作的描述转变为对前沿土壤学发展的研究；从片面和独立的讨论转变为系统的土壤学思想和逻辑体系。经过多年艰苦努力，在与国际土壤学接轨、运用土壤学知识解决分析各种问题上取得了较好的发展。面向相关专业的本科生、硕士

生和博士生全面开设土壤系列课程。这种成为体系的课程设置目前已经影响了全国其他高校。

2. 编写出版了高水平的系列教材

随着现代发展形势的转变，农业范围内的土壤学教材如何适应整个林业院校的要求，如何与国际接轨，相关性和前沿性成为摆在林业土壤学界面前的挑战。本课程教学队伍1982年主编了《土壤学》(上册，中国林业出版社出版)，本教材作为林学和资源环境类专业土壤学的主要试用教材，历经20余年，在高等林业人才的培养教育过程中起到了重要作用。十五期间，我校向教育部申请对林业院校的"土壤学"教材进行重新修订编写，并获得批准。修改后的版本除介绍一般土壤学的理论知识和技术外，同时还要特别介绍有关林业方面的土壤知识。参与编写的有森林土壤学发展最前沿国家加拿大学者，通过国际合作，促进了我国高校土壤学课程体系和学科范式的进步，也成为国内林业院校土壤学中最有代表性的教材。此外，2007年我们作为副主编单位出版的《土壤资源学》(中国林业出版社出版)、2006年出版的全国高等农业院校"十五"规划教材《草坪营养与施肥》(农业出版社)等都是针对高等农林院校林学、水土保持、森林资源环境类专业的重要教学参考书。

3. 形成了具有特色的研究型教学模式

(1)教学与科研相结合。将课程理论教学与现有科研项目相结合教授，在理论的讲学中不断加入科学精神和思维，培养学生对科学研究的兴趣，不会在后期的深入学习中不知所措。在学习过程中还会邀请相关专业的优秀人才做相应的报告，达到"学"与"术"的结合。

(2)教学方法改革。实习摒弃了传统的"老师讲学生听"实习方法，采用专题实习的方法，学生变被动接受为主动思考，学生提出专题，设计实验方案、技术路线并在有限的实践里实施外业调查和数据归纳整理，并以学术报告的形式撰写实习报告。使土壤学实习教学真正实现了以学生为主体的教学方式，极大地调动了学生学习的积极性和创造力。

采用双语教学或英文主讲本科生课程。同时采用原版教材，在讲课过程中积极探索新的教学改革，利用在国外进修所学到的先进教学方法进行教学活动。突出表现在加强对学生进行职业能力培训，积极介绍国外先进技术，采用灵活的教学手段，扩大平时成绩所占的比重，引导学生积极参与教学活动。

(3)先进教学手段的使用。在教学中通过投影仪和计算机显示屏使用电子课件，通过网络布置和收交作业，帮助学生通过网络深入学习，建立学生与教师互动的教学平台，迈出了实现立体教学模式的步伐。学生通过上网，既能学习教材中的主要内容，了解教材和教学体系，也能阅读大量辅助教材和相关参考文献，丰富了学习资源，开阔了视野。

(4)注重实习实验改革。土壤学教学实习是土壤学课程的重要教学内容，是实现理论教学到外业实践，加深学生对课堂知识理解并实际应用的有效途径。但长期以来，土壤学实习如大多数课程实习一样，采取教师在野外讲解，学生沿途观察记录的方式，这种传统的教学方式存在学生被动接受，缺少思考空间及动手能力没有得到很好锻炼等问题。因此，在保证完成教学任务的同时，我们在实习过程中引入了专题实习方法。具体内容为在一周实习周期内，前两天由教师引导、讲解、示范，完成岩石识别、土壤概查、土壤剖面观察、剖面形态观察和土壤样品采集等基本实习内容。在此基础上，由教师提出部分专题，同时引导学生自拟专题，在后3天系统完成专题实习，并撰写实习报告并汇报专题成果。通过实践达到了良好的效果。

（5）习题库的建设。根据土壤系列课程的整体性和连贯性，建立一套适合学生整套学习的习题库，可以增加学生对专业知识的交叉和系统掌握。这对于学生专业知识的掌握是一种较为优势的模式，这种模式的提出也是一种教学形式的突破。

4. 形成了一支高素质的师资队伍

目前教学梯队中包括 1 名教授，4 名副教授，3 名讲师，以及 2 名教辅人员，多数教师在欧美、日本等先进国家进修学习过。

5. 科研反哺教学

团队课程负责人主持或参加国家自然科学基金青年及面上项目，国家基础性工作专项、国家科技支撑计划、国家林业局 948 引进项目、农业成果转化资金项目、国际合作项目等多项。先后指导博士研究生 15 名，硕士研究生 40 余名。在国内外发表学术论文 100 余篇，获省部级以上科技奖 2 项。

三、创新点

（1）双语教学。在现在这个与国际相结合的大时代背景下，各国学术之间的交流逐渐成为主流。老师将理论知识的学习和专业英语的结合，在一定程度上提高了学生的学习效率和积极性，提高英语学习环境和能力。

（2）专题实习。"专题实习"摒弃了传统的实习方法，通过老师讲解→学生观察→专题的理解→动手实习→报告的撰写这种形式，学生变被动接受为主动思考，学生在老师的引导下提出专题，设计实验方案、技术路线并在有限的实践里实施外业调查和数据归纳整理，并以学术报告的形式撰写实习报告。使土壤学实习教学真正实现了以学生为主体的教学方式，极大的调动了学生学习的积极性和创造力。

（3）土壤学精品课程体系的建设解决了高校教学中"知识膨胀，课时紧缩"的矛盾。不仅融入了 21 世纪土壤学的最新研究进展，而且加大实践课程力度，真正达到了"学时少，内容精"的课程要求。在网络多媒体建设、教法改进等方面能针对学生特点进行有益的尝试。

（4）研究组主编和参与编写的教材，融入前沿理论，加强国际交流，具有鲜明的时代特色，在全国颇具影响。

（5）独具特色的研究型教学模式，极大地调动了本科生的创造性，为其进一步科研奠定了扎实的基础。多数新开课为国内（土壤形态学）或校内首创。

四、课程改革与建设的效果

（1）本科学生通过这门课程的学习，普遍掌握了土壤学的基本理论和方法，而且对这一学科领域产生了兴趣，评价普遍较好。学生毕业论文选择土壤学方向的人数以及被评为优秀论文的比例一直较高；继续读研究生的同学，有很多也选择了土壤学方向。学生对于这门学科的意义有了更多的认识。

（2）硕士和博士研究生的理论应用和学术创新能力都得到了加强。学生对于研究充满了热情和主动性，创新思维得到了很大的提高。很多学生的课程论文经修改后在学术刊物上发表，很多人从本课程的学习中找到了自己学位论文的研究方向和研究方法，还有不少人在课程的研讨中逐步深化和完善了论文成果。

（3）与系列课程相关的多部教材获得学校和省部级奖项，多个相关教改课题研究成果先后获得学校教学成果奖励，主讲教师多次获学校和省部级优秀教师称号，课程教学大纲在校内被评为优秀，本科课程已被评为学校和北京市精品课程。内容和资源丰富的课程网站受到校内各层次学生和校外师生的普遍好评，实现了教学资源的校际共享。

（4）本课程系列的改革与建设也推进了我校土壤学重点学科在学科建设、理论创新、科研攻关、学术人才培养、软硬件资源的完善等方面的进步，成为在全国农林院校具有相当影响力的学术团体；多年来为国家培养了农林土壤研究的专门人才，成为在该领域人才培养的主要基地之一。学科成为我国林业院校唯一的博士点和国家林业局重点学科。

（5）由教学团队编写的多本专业书籍在全国林业院校内得到广泛的使用，因其专业性和针对性广受业内老师和学生的好评。这在全国林业院校内是一个重要的资源和基础，为以后学科的发展打下良好的基础。

计算机基础教育课程体系与教学方法改革研究

2007 年校级教学成果一等奖

主要完成人：毛汉书、徐秋红、陈志泊、黄心渊、袁玫

一、研究背景与意义

进入 21 世纪，全国中小学逐步开设信息技术课，在大专院校普遍开设了与计算机、信息技术相关的多种课程。计算机基础课程涉及面广、应用性强，在各学科专业中都占有重要地位。

虽然教育部的课程指导委员会、一些学术社团组织都开展了计算机课程教学研究和改革，但仍有许多问题亟需研究、解决，其中包括：本科或专科计算机课程与中小学信息技术课程的融合与衔接；本科非计算机专业的公共计算机基础课如何灵活多变、为后续各专业的专业课服务；本专科计算机专业基础课如何为专业课奠定基础；在课程体系中如何以应用为主导，逐步强化实践教学环节等问题。

总之，在新形势下，解决大学生应当学习哪些计算机知识，怎样学，达到什么样的学习效果等问题，将会促进整个教育事业的发展，为培养各种专业的应用型创新人才做出贡献。

二、主要研究成果

本课题通过全面调查国内外计算机专业和非计算机专业的计算机教育现状，针对不同教育对象，包括本科与专科，计算机专业与非计算机专业，研究其在计算机教学中的教学理念和方法的共性与差别。侧重计算机教育理念、课程体系设置和教学方法的研究，通过教学试验获得了切合实际的课程体系、实践教学体系和教学方法。

（一）研究计算机知识结构的新视图和新方法论

1. 从应用的角度认识计算机

通过研究我们认为，计算机的每个应用领域的知识都是由基础理论、应用技术和实际应用系统等知识构成的。各领域之间又由若干个知识点以链接方式相互形成网状联系。从计算机应用的角度来观察计算机知识，可以形象地把计算机知识看成是一棵生长在土壤中的大树，如图 1 所示。树的最外层是果实，它相当于计算机各种应用系统。支撑果实的是树干和树枝，它就是计算机软硬件应用平台。盘根错节的树根是计算机各种应用技术。各种技术相互交叉和结合产生出各种计算机应用系统。树木赖以生存的土壤是各种计算机理论。不同的人群关心对计算机树的不同部位知识的学习。

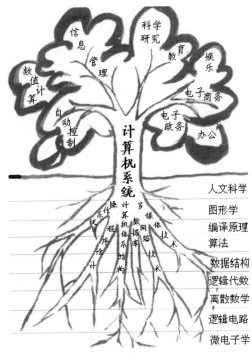

图1　计算机树

2. 计算机专业学生遵循"抽象第一"，非计算机专业学生遵循"应用第一"

对于需要比较全面掌握计算机知识的计算机专业学生来讲，把"抽象第一"作为教育的基本原理，从"注重基础知识学习"和"加强开发技巧训练"两个层次学习计算机知识，就像建筑楼房一样，先打好基础，然后逐层建设楼房是一种比较好的学习模式。

对于多数非计算机、信息或相关专业学生来讲，他们更多的需求是如何把计算机作为一种常用工具。因此，把"应用第一"作为计算机教育的基本原理，在分析"任务"、找出"方法"和具体"实现"三个过程中学习是一种比较好的模式。

3. 计算机教育的实质是计算机应用教育

对于大多数院校来讲，培养大量计算机应用高级人才，他们擅长与其他专业结合，创造更多通用或专用软硬件，直接为振兴中华服务，是当前最好的选择。

（二）对比分析学生的前期基础和后期成绩，得到客观的改革效果评价

1. 对新入校大学生进行摸底普查，获得详实数据

我们对新入校1万3千多位新生的计算机知识水平进行连续4年的测试活动。如图2所示，结果表明，新生的总体计算机成绩符合一个正态分布，已基本达到全国中学生信息技术课程大纲的要求，且逐年略有提高，大学的计算机基础教育的起点不再是零。

2. 分析学生学习课程前后的能力提高程度，逐步完善了教学内容和方法

每次考试后，对学生的成绩进行统计，并通过对比入学成绩，分析了学生在基础知识和操作能力等方面的提高情况，逐步完善了教学内容和教学方法。

3. 通过调查问卷等形式，得到教学效果的真实评价

每学年对一年级选课学生进行问卷调查，问卷涉及到教学内容、难易程度、实用性等方

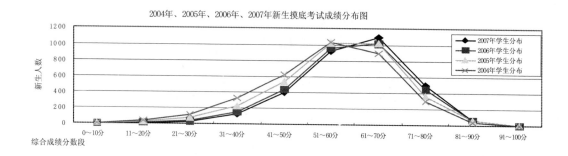

图2　新生计算机水平模底测试综合成绩正态分布图

面内容；并通过座谈形式了解高年级和毕业生的反馈信息，进一步确认教学改革目前已经取得了良好的成果。

（三）课程体系的研究与建立

1．建立非计算机专业本科以专业应用为主线的计算机课程体系

本课题以北京林业大学为基地进行了研究与试验工作，稳定实施了二年以上，效果良好，得到各方认同。

（1）课程体系：根据研究结果及时修改教学大纲，形成如表1所示的课程体系。

表1　非计算机专业计算机基础教育课程新体系的结构

课程性质	课程名	主要内容	课时	考核方法	说明
必修	计算机基础	基础知识 办公自动化 网络基础 图像处理技术或数据库应用技术	60	考试	全校公共课
选修	程序设计	C语言程序设计 VB语言程序设计 Java语言程序设计	70	考试或做设计	院系推荐选课
指导性选课 或自由选课	计算机技术应用	数据库原理与技术 网络原理与技术 多媒体技术与应用 数字媒体表现 专业软件培训	50	考查或做设计	自由参加选修或辅修

（2）配合课程体系配套实施的主要措施：

①大班上课小班实验　在目前现有教师数量偏少的情况下，为了强化学生的计算机操作能力，重点强调实际的训练和实验课的专门指导，采用大班课（6至8个班）的讲课方式，又以小班（3个班或4个班）为上实验课单位，一个小班专门配一位实验指导老师的方法来加强实验教学，从而努力做到让学生在实验课上解决大部分技术性难题。

②利用计算机考试系统进行考核　为了督促学生重视对计算机的实际操作和应用，重视培养自身利用计算机解决实际问题的能力，从2005年7月开始，累计对8,000多学生改为上机考试。该考试系统既具有方便学生考试，方便教师阅卷，又可以组建多份试卷、进行多

课程同时考试、准确上传文档、在线监控和记录考试过程、自动实现试卷的数据分析等功能。

2. 建立计算机专业本科以培养创新人才为目的的计算机课程体系

本课题以北京林业大学计算机科学与技术系为基地,建立"以市场需求为导向,培养应用型人才"为特色的课程体系,该体系已稳定执行2年,效果良好,得到广泛认同。

(1)课程体系:改革后的课程体系中专业必修课设置如表2所示。

表2　必修课程一览表

课程名称	理论教学与实验			实践周数	总学分
	总学时	讲课	实验		
计算机导论	40	20	20		2.5
面向对象程序设计语言A	48	48			3
面向对象程序设计语言实验	32		32		2
Windows编程A	32	32			2
Windows编程实验	32		32		2
计算机体系结构	40	40			2.5
网站设计与技术	40	18	20		2.5
离散数学A	56	50	6		3.5
Java语言A	56	32	24		3.5
计算机组成原理	40	38	2		2.5
数据结构A	64	48	16		4
数据结构A(课程设计)				1	1
数理统计B	56	52	4		3.5
操作系统A	48	38	10		3
操作系统A(课程设计)				1	1
Java高级应用技术	48	28	20		3
数据库A	56	36	20		3.5
计算机网络	48	44	4		3
编译原理	48	38	10		3
名师讲堂	16		16		1
软件工程A	56	34	22		3.5
软件工程A(课程设计)				1	1
Web应用开发	56	36	20		3.5
计算机专业实践				3	3

注:实验包括习题、讲座、讨论。

(2)实践教学体系:配合课程体系,建立实践教学体系,如图3所示,它有力地支撑了课程体系。该实践教学体系的主要特点是,突出对学生动手实践能力的培养。

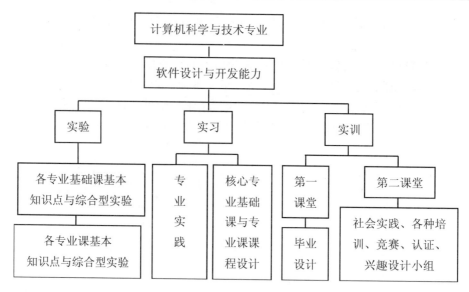

图3　实践教学体系

3. 建立计算机专业专科以培养职业技能为目标的计算机课程体系

在高职高专课程体系设置中以北京联合大学信息学院计算机系软件技术专业为基地做了试验。在能力培养模式上有了较大突破。将关键技术能力的形成分为入门、基础、提高、工作四个阶段。用课程链路构成培养方案的体系框架，如图4所示，一个链路针对一项关键技术能力。

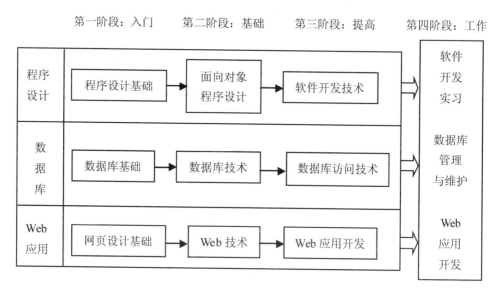

图4　课程链路构成培养方案的体系框架

(四)其他成果

1. 开发出一些计算机辅助教学系统

建立了一些针对某些课程的特色网络服务器和网站。图5为计算机系数字媒体网站，图6为"Visual Basic语言"课程视频教学课件。

图5 计算机系数字媒体网站

图6 "Visual Basic 语言"视频教学课件

2. 研制出计算机水平测试和计算机考试系统

计算机水平测试系统累计对 13 000 新生进行了摸底测试，取得大量详实数据；计算机自动考试、阅卷和成绩管理系统，如图 7 所示，4 年来累计对 8 000 多人次进行考试，效果良好。通过不断改进，目前该系统无论在稳定性和易用性以及承受负载方面都达到国内先进水平。

图 7　上机考试系统

3. 建设计算机精品课程

在学校的支持下，开展建设精品课程的研究，"三维图形设计"精品课程建设已取得阶段性成果，2008 年被评为北京林业大学精品课，其课程教学网站如图 8 所示。

4. 出版教材并发表论文

出版 9 部教材，其中"Visual Basic 程序设计"与"园林计算机辅助设计"被列入"普通高等教育'十一五'国家级规划教材"，"数据库原理及应用教程"被评为北京市精品教材。

已在期刊和会议论文集上发表 10 篇论文。

三、本研究的创新点

本研究在理论和实践上都有所创新。这些观点在"全国计算机基础教育研究会"的多次会上进行过交流，被两次写入《中国高等院校计算机基础教育课程体系 2004/2008》（CFC 2004/2008）中，为学术界许多同行所接受。

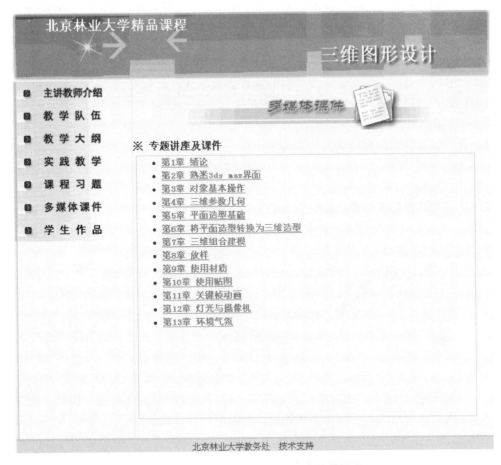

图8　"三维图形设计"精品课程教学网站

(一)计算机教育理论的创新

提出计算机教育的实质是计算机应用教育的理论，总结出"计算机树"的知识结构概念。归纳出在教学中以分析"任务"、找出"方法"和具体"实现"三个过程开展教学工作。有效地解决了理论脱离实际的问题。

(二)计算机教育实践的创新

1. 基于教学评价，建立开放的动态教学系统

实践中注重分析研究对象的"输入"和"输出"。首先注重研究学生入学水平，通过计算机入学摸底考试和调查问卷"输入"；同时也要分析学生学完本课程之后的效果，建立教学评价规范，将学生与专家的"他评价"与教师内部的"自评价"结合起来形成"输出"。使本类课程教学形成一个开放的动态反馈系统。

2. 结合学校特色，建立多元化教学系统

基于初高中阶段的计算机基础教育，根据对教学对象在大学阶段的培养目标，全面考虑计算机理论课程和实习实验课的设置。强调基础课服务于应用课、基础课教学服务于专业课教学的宗旨，做到多入口、多出口，根据不同学生的基础、不同专业需求灵活配置课程，使计算机教育形成多元化的教学系统。

四、取得经验和应用推广情况

调查显示，认为所讲内容合适的学生占 77.4%；上机的考核形式既方便且实用的占 52.89%；总的来看，学生接受了改革后的课程内容。从计算机系就业率逐年上升和毕业生反馈信息来看，计算机专业的改革措施受到机关、企业的认可。

（一）取得的基本经验

1. 计算机教育的内容应该以应用为主

建立一个符合教育部基本要求，具有自己学校特色，相对稳定，面向应用的教学体系是必要的，也是可行的。

2. 计算机教育的改革要依靠三方面的力量

计算机教育的主体是学生，任何改革措施只有使他们的成绩提高了才能被接受；计算机教育改革的关键是教师，只有组建一支德才兼备的教师队伍才能具体实施改革方案；计算机教育改革要依靠业务行政部门的支持，有了他们对改革方向的把关和人财物的支持，有了他们从全局的角度协调各个相关部门的工作，改革就会一步一个脚印，日趋完善。

3. 贯彻面向应用的教学理念必须建设高水平的师资队伍

改革的一切试验、实践环节都需要由教师完成。因此只有提高教师素质，建设优秀教师队伍才可能提高教学质量。在学校的安排和指导下，引进高质量人才；开展创精品课团队的工作；委派 2 名博士，4 名硕士到国外进行交流和学习活动；大力支持广泛与国内院校进行学术交流活动。这些措施的实施都有效地促成了参加研究的教师成为教学骨干力量。

4. 实现面向应用的教学理念必须创造良好的应用计算机氛围

在过去的 4 年中，学校累计投资 500 多万元完善了实验环节，把原来的计算机实验中心建设成北京市计算机教学实验示范中心，保障全体学生都能得到良好的实验条件；扩大对习题课、实验课、实践课的辅导教师队伍；结合专业应用，培养学习兴趣，建立各种课外兴趣小组，为有更多需求的学生创造参加校内外比赛的机会等等综合措施都有效地提高了学生的学习自觉性。

5. 改革考核办法和评价指标

把实时上机操作纳入考试内容，引导师生共同注重实践环节的学习。

（二）项目应用推广情况

1. 教学理念在全国被广泛接受和采纳

提出计算机教育的实质是计算机应用教育的理论，总结出"计算机树"的知识结构概念，被两次写入《中国高等院校计算机基础教育课程体系 2004/2008》（CFC2004/2008）中，为学术界许多同行所接受。

2. 课程体系在培养应用型创新人才方面的效果显著

非计算机专业本科、计算机专业本科和计算机专业专科三部分课程体系分别被北京林业大学和北京联合大学认可并予以采纳，从而理顺了知识结构，使课程间分工明确、联系紧密。并通过各种兴趣小组、培训、竞赛和认证等方式为提高学生实践能力、培养面向应用的创新人才提供有力支撑。

3. 自编教材被多所院校指定为教材或参考书

自编教材被南京大学、青岛海洋大学等众多高校作为教材，《计算机应用技术基础》教材被南京地理与湖泊研究所作为博士研究生入学考试参考书。

4. 上机考试系统功能全面，多所院校给予了高度评价

上级考试系统可对教师、学生、题库、试卷和成绩等信息进行管理，功能全面，得到浙江大学、化工大学、东北林业大学等多所院校的高度评价。

5. 机房管理系统被多所院校采用

机房管理系统可对学生和计算机的信息进行管理和维护，已被北京航空航天大学、中国传媒大学等多所院校使用，如图9所示。

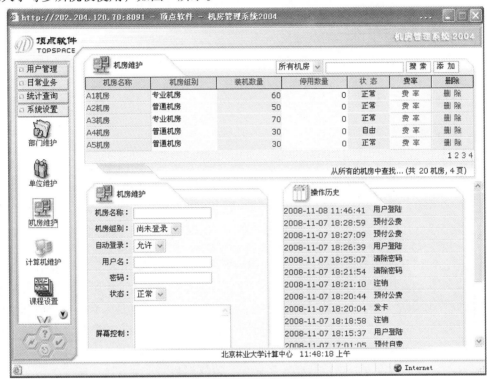

图9　机房管理系统

数学建模竞赛与数学建模课程建设

2007 年校级教学成果一等奖

主要完成人：高孟宁、李红军、王小春、刘胜

北京林业大学于 1994 年开始组织参加全国大学生数学建模竞赛，经过几年的积累，有了一些经验，于 2001 年 11 月正式立项，进行数学建模竞赛与数学建模课程建设的深入探索。课题于 2006 年 7 月结题。

一、课题背景

上世纪 80 年代开始，美国企业界出面邀请高等院校和科研机构中的数学研究方面的教师、研究生、大学生和科研人员参加交流活动，对企业发生的各种问题筛选归纳出研究项目，建立数学模型，提出解决方案，与企业合作解决实际问题。这种活动一方面帮助企业解决很多具体问题，另一方面培养不少研究生和大学生，很多人后来成为高级人才。这件工作对促进科学与产业的结合，促进生产力发展和培养人才，有极大的好处。

1992 年，我国开始借鉴这一做法。教育部高等教育司和中国工业与应用数学学会主办了我国首届全国大学生数学建模与计算机应用竞赛，迄今已完成了 16 届，是全国大学生竞赛中范围大影响深的一个竞赛。从近些年我国大学生数模竞赛的题目来看，与科研和生产实际联系十分紧密，如：SAS 传染病趋势变化研究、AIDS 病药物防止、DNA 分类模型、西气东输方案设计、奥运会场馆辅助建设设计、铁路与公路网的系统设计、长江污染调查研究、电网输电方案、电子商务等。正是通过参加竞赛，使教师和学生都开阔了眼界，这对加强科研和培养学生探索兴趣和研究能力有很大好处。高校开展数学建模竞赛，对教师和学生利用计算机软件技术解决实际问题，也提供了一个很好的平台。现在数学软件的学习和使用，已经逐渐渗入到数学教学中。开展数学建模教学和竞赛的另一个意义是促进数学教育的改革，包括教育思想，教材，教学方法等；并通过数学建模教学与竞赛，探索培养创新人才的有效方法。

我校为支持大学生数学建模竞赛，在思想上十分重视，由主管教学的副校长负责，教务处（包括学生处）组织实施，理学院有经验的教师参加。在人力物力上给予积极支持，为指导教师、指导活动和参赛学生提供教室、计算机、经费等良好条件。曾有两次竞赛期间发生地区停电和意外停电，主管副校长紧急处理，用临时发电车解决用电问题。为鼓励指导教师的工作，学校生物理科基地授予 4 位教师优秀指导教师奖励，学校也对指导教师多次给予教学优秀奖励，使指导教师能够始终积极参与有关工作。

二、课题开展

我校自 1994 年以来积极参加这项赛事，并取得优良成绩。

我们培训指导思想是：培养学生的探索精神和团队协作精神，提高学生的应用数学知识解决实际问题的能力，培养学生锲而不舍、迎难而上、崇尚科学的优良品质。

我们培训的具体方案包括以下三个方面。

首先，在全校做动员和宣传，比如，宣传海报，主题讲座，数学系网页宣传，请历年获奖学生作报告等。大力的宣传激发学生的斗志和信心。

其次，进行暑期中集中辅导，一般为 60 学时，学生自由组队，在假期中按教师安排自己选择题目撰写论文，教师答疑，给予学生个别指导。这个阶段学生较多，教师采取比较灵活的形式给学生答疑。

第三，每年 9 月上旬教师评阅论文，进行建模基础能力测试，选择参赛队，集中开展讨论和进一步辅导，确定参赛队；

最后，进行赛后总结和资料整理。学生写出参赛心得，并与直到教师进行沟通。这些工作因为涉及面广，因而需要教师做大量普通数学教学以外的工作，包括自我学习和研究。

据统计，自 2001 年至 2007 年，全国大学生数学建模竞赛北京赛区共产生全国一等奖 119 个，我校 7 年来累计获一等奖 8 个，排名在北京邮电大学和清华大学之后，与北京大学、北京师范大学、中国地质大学（北京）一起并列第三，在全国农林院校排在第一。由于成绩优异，2003 年北京市颁奖大会在我校召开，学校获优秀组织奖。指导教师高孟宁、康惠宁曾经获北京市优秀指导教师奖。

教师的教学能力和科研能力的提高。通过指导学生，教师不断提高自身教学水平，自己的建模能力，自学新的建模方法和计算机工具，不断充实自己。

三、课题的延拓

在指导竞赛的同时，建模指导小组开始了数学建模课程建设，自 2003 年开始面现全校开设公共选修课《数学模型》和面向数学专业学生开设《数学模型和数学实验》两种课程。从大纲、教材到教法、考试，都是一个学习、探索的过程。不少数学界和科学界的前辈认为数学建模课程建设对数学教育和教材、教学方法的改革将起到一种实验和启发带动的作用，我们也是本着这样的精神在实践。

建模指导小组老师积极参与在我校设立的国家生物理科基地的学生指导，每年都被评为理科基地优秀指导教师。

积极参加学校的教学改革项目，近几年参与或主持的教学研究项目包括以下几个。通过教学研究项目的实践，为建模指导教师的教学能力提高提供了较好的平台。

◆2003－2005 年主持教学研究项目《专业基础课课程建设与数学实践性环节的突破》，项目经费 0.7 万元。

◆2003－2006 年参与教学研究项目（（高等数学精品课程建设））项目经费 2.0 万。令 2005－2007 年主持教学研究项目《体现"四会"学习方法的运筹学教学研究》项目经费 0.5 万。

◆朱涛，许志卿，谷英杰，基于平面图形的实物重构，【GCS07035】，2007 年国家大学生创新性实验计划项目（李红军 指导学生科研项目）。

积极参加科学研究项目，通过科研提高自身的研究能力，也促进教师自身的建模技术的提高。近几年参与的科研项目有：

◆长白山针阔混交林生态系统的生长方程和数学模型。该项目是国家自然科学基金课题

（批准号：30671667）和国家十一五专题（批准号：2006BAD0308－04）的子课题。

◆速生纸浆材特性数据库及浆纸性能预测模型的研究开发。该项目是国家科技支撑计划（课题编号：2006BAD32B03）的子课题。

四、建模指导的主要特色和创新点

1．高屋建瓴的指导思想

不以竞赛获奖为指导目标，而是注重培养学生的探索精神和团队协作精神，提高学生应用数学知识解决实际问题的能力，培养学生锲而不舍、迎难而上、崇尚科学的优良品质。艰苦而持久的工作，奠定学生的坚实基础，获奖也就水到渠成。若把指导思想定位为获奖，则显然有违竞赛设立的初衷。

2．开放宽松的教育教学氛围

学生与老师经常可以面对面进行讨论，从审题到建模方法，再到计算机求解。老师一般不全盘否定学生的构想，而是以其探讨，激发学生的创造力和创新动力。这也是与一般课程教学所不同，老师的绝对权威在建模指导的时候似乎被搁置一边，我们需要学生们提出不同的思路，构建合理的、科学的、准确的数学模型，需要学生们另辟蹊径，需要他们挑战现有的模型方法。只有宽松的学习讨论氛围才能达到这个效果。当然，这也要求建模指导教师在知识储备方面比较丰富。

3．全面扎实的基础能力训练

我们重点培训学生的基础能力，主要包括搜集资料、自主学习的能力，计算机软件设计能力，算法分析能力，模型构建能力，数学实验能力，论文写作能力。学生经过培训后都能完成大约一万字的论文，这在普通课程教学中是很难实现的，但这正是培养创新人才的可行之路。

4．根据专业和学生兴趣进行建模指导

对于数学专业学生，他们抽象概括能力好，但是文字表达能力不足，指导教师应该强调把各个代数式的意义写清楚的必要性，在建模课程教学中加强写作训练。数学系2003级学生参加数学建模，由于缺少对数学系学生的指导经验，报名的三个队全军覆灭，经指导教师组认真总结，有针对性的进行训练，2004级学生实现零的突破，2005级学生获奖人数达8人之多，指导效果逐步显现。

对于交通专业的学生，我们常常一起探讨交通流量、最优交通方案设计、最优路径设计方面的模型。

对于环境保护专业学生，则探讨环境评估建模；我们常常与计算机专业学生探讨算法分析。

与生物学院学生一起研究遗传基因等实践问题建模。生物学院学生在我校参赛队伍中一直获奖比例较高。

五、主要成绩

成绩主要来自三个方面：学生和青年教师的培养，教育教学资料的积累和论文论著。

通过数学建模竞赛培养学生的综合能力，有利于学生的进一步深造和就业。例如，生物学院学生生科01班的学生徐振愚获得2003年全国大学生数学建模竞赛全国一等奖，并获得

了 2004 年美国数学建模竞赛一等奖，毕业后出国深造。还有一些获得了国家一等奖和二等奖的学生在国内重点高校深造，也有的找到了理想的工作。他们的动手能力和团队协作能力都被公众认可。青年教师在搞好建模教育教学的同时，提高了教育教学能力，提高了科研能力。

通过多年来的建模竞赛辅导，积累了许多的教育教学资料，比如，我校历年竞赛论文集，全国大学生建模竞赛优秀论文集，美国大学生建模竞赛优秀论文集，成套的建模培训指导讲义，多媒体教学课件，数学实验讲义等等。这些资料对于我校的学科建设和学生的教育教学都是宝贵的资料。

在建模竞赛指导和学科建设期间，各个成员教师不断的积累教育教学经验，完成了一系列的教学研究论文，同时我们还从事一些科学研究工作，这里列出一些近几年发表的有代表性的论文或论著。

【1】高孟宁，胡乃炯等人共同翻译哈佛大学微积分教材(下)，2003 年出版

【2】李红军，关于林业院校数学实验教学的思考[J]，中国林业教育，2007.1

【3】李红军，高孟宁. 通过数学建模竞赛辅导提高学生综合能力【M】. 改革. 创新. 发展——教学改革与实践论文选编，中国林业出版社，2008.2：105～108

【4】李红军. 关于数学建模竞赛的赛后工作的尝试[M]. 历史的使命——21 世纪中国教育的突破与创新【M】，黑龙江人民出版社 2006 年 3 月

【5】Kan Jiangming, Li Hongjun, Li Wenbin. Level set method in standing tree image segmentation based on particle swarm optimization, MIPPR 2007：Automatic Target Recognition and Image Analysis；and Multispectral Image Acquisition, 2007, 11. (EI 收录)

【6】Xiaopeng Zhang, Hongjun Li, Zhanglin Cheng. Curvature Estimation of 3D Point Cloud Surface Through The Fitting of Normal Section Curvatures. ASIAGRAPH2008 in Tokyo PROCEEDINGSP, 2008, 10：072～079

【7】宋瑞霞，王小春. 带参数的多结点样条函数，计算机辅助设计与图形学学报，2003, 15(11)：1422～1427；(一级学报)

【8】Xiaochun Wang, Ruixia Song. On the data fitting method by the many－knot spline with a parameter, CAD／Graphics'2003, the Eighth international conference on Computer Aided Design and Computer Graphics, Macau, 373～374；(ISTP, BAY65)

【9】Wang Xiaochun, Song Ruixia, Qi Dongxu. Generalized Bezier curves with given tangent vector, Journal of Information and Computational Science, 2004, 1(2)：281～285(EI 收录，收录号：05159039216)

【10】宋瑞霞，王小春，马辉. 关于曲线拟合的广义 Bezier 方法，计算机工程与应用，2005，(20)：60～63(核心期刊)

【11】宋瑞霞，马辉，王小春. 带切向控制的多结点曲线造型方法，计算机辅助设计与图形学学报，2006, 18(3)：396～400(EI 收录，收录号：06169831730

【12】王小春，宋瑞霞一类正交函数系的离散表示及快速变换，计算机工程与应用，2008, 8

【13】Wang xiaochun, Liang Yanyan, Meifang Ou, Song Ruixia. AppliCation of the Complete Orthogonal V－system, 2008 international congress on image and signal processing, 694－698,

2008，Sanya，Hainan，Chian

【14】Wang Xiaochun，Hui Ma. V – system with Multiresolution Property and lts Application in Classification，Proceedings of the 2008 IEEE International Conference on Information and Automation，1655 – 1690，2008，Zhangjiajie，China

【15】王小春，谢惠扬，张桂芳. 浅谈怎样提高高等数学课堂教学效果，林大教学改革与实践论文选编，2007，169 ~ 173

【16】谢惠扬，王小春，高孟宁，文科类高等数学改革的探讨，林大教学改革与实践论文选编，2007，54 ~ 57

【17】刘胜，管克英，李群方法对一阶偏微分方程的应用，数学研究与评论，2000

【18】刘胜，胡志兴，Hamilton 系统的一种求解方法，内蒙古大学学报，2002

【19】刘胜，胡志兴，一类偏微分方程组的求解问题，内蒙古大学学报，2003

【20】Stephen C，Anco，Sheng Liu. Exact solutions of semilinear radial wave equations in n – dimensions，Mathematical Analysis and Applications（ SCI 收录），2004

【21】刘胜，中西方大学生的对比分析，内蒙古教育，2005

【22】刘胜，加拿大高校数学课教学体验，中国林业教育，2007

【23】Zhixing Hu，Sheng Liu，Hui Wang，Backward bifurcation of an epidemic model with standard incidence rate and treatment rate，Nonlinear Analysis，2008

六、结束语

总的来说，我校数学建模竞赛和课程建设有了一个良好的成绩和开始，对推进本科数学教学改革，提高基础课教学质量，提高教师素质，进一步具有培养创新思维和能力的大学生打下了一个良好基础。

木材切削原理与刀具教材和课程改革

2007 年校级教学成果一等奖
主要完成人：李黎、杨永福、母军、陈欣、牛耕芜

一、项目立项背景

随着我国木材工业飞速发展，全国高等农林院校相继开设了木材科学与工程、家具设计与制造等专业。木材切削原理与刀具课是一门介于专业基础和专业课之间的课程，木材切削理论部分为后续工艺技术课，为学生分析木材制品加工质量提供相关的木材切削理论基础。切削刀具部分内容自成体系，为学生今后工作选用、使用、刃磨刀具提供理论指导。

自 80 年代初，国内木材科学与工程专业"木材切削原理与刀具"课在一直沿用南京林业大学主编、1983 年中国林业出版社出版的《木材切削原理与刀具》，20 年未曾修订，于 2003 年停止印刷出版。2003 年开始，木材科学与工程专业"木材切削原理与刀具"课出现了无合适教材使用的局面，严重地制约了教学工作的开展和教学效果的提高。

为满足目前木材科学与工程专业及相关专业教学的需要，根据木材科学与工程专业木材切削原理与刀具课教学大纲的要求，项目组 2004 年申请北京市精品教材立项，新编木材切削原理与刀具教材。同时对"木材切削原理与刀具"课的教学内容和教学体系进行改革，修订新的教学大纲，课程设计指导书和教学辅助课件等。

二、成果主要内容

木材科学与工程专业是应用工程技术型专业，根据国内木材工业发展的需要，现阶段木材科学与工程专业的培养目标是以木材加工工艺技术为主，培养既要掌握一定木材加工基础理论，又具备一定工程技术设计和操作能力的工程技术人才。但长期以来，我国实行的是精英教育，在人才培养上比较注重学生学术素养的培养，教材建设也相应地以理论知识为主，过分看重教材的学术价值和内容体系的完整性。这显然是不符合木材科学与工程专业应用型工程技术教育的定位和人才培养目标，但这种习惯性思维却不可避免地影响到了应用型本科教材的建设。因此，建设应用型本科教材首先要解决价值取向的问题，建立起务实求真、学以致用的理念。新编教材和课程体系改革的重点放在木材切削理论的介绍和选用、使用切削刀具能力的培养上，对各类木材切削刀具的结构和性能、适用范围做了比较详细的介绍。编写北京市精品教材《木材切削原理与刀具》的立项目标是编写一部反映当前木材切削理论与刀具最新研究成果和产品的教材，以满足目前的教学需要。

1. 以认知规律为主线，构筑教材框架

依据学生的认知规律，处理好新旧知识的内在联系。既不能使课程内容与原有知识大量

重复，也不能使原有知识与本课程的知识脱节；按照专业学科内容要求、结合学生接受知识的心理状况，合理安排教材的内容。与应用型人才的培养目标相衔接。因此，教材内容概括了木材切削技术的最新研究成果，将近十年来木材切削理论、刀具基础研究和刀具设计制造工业中出现的新材料、新技术和新刀具品种介绍给读者，同时又结合了我国木材工业部门的实际应用。木材切削理论内容为后续工艺技术课、为学生分析木材制品加工质量提供相关的木材切削理论基础。切削刀具部分内容为学生今后工作选用、使用、刃磨刀具提供理论指导。此次编写的教材系统、全面、简明扼要地将木材切削理论与刀具近二十年来最新、成熟的研究成果尽量囊括其中，作为本科生必修课教材，通过本课程的学习使学生掌握木材切削的基本理论，刀具设计和选用的基本依据。

2. 以实践应用为尺度，剪裁教材内容

应用型工程技术专业教育的一个重要特点，就是强调科理论与实践紧密联系，用理论指导实践，在实践中检验理论的有用性和有效性，这决定了应用工程技术专业教材建设应以实践应用为尺度选择教材内容。木材切削理论和切削技术是木材加工利用的专业基础，木材切削刀具的选择与应用又是木材工业工程技术人员必备的基本能力和素养，因此，本次编写的教材和教学改革对教学内容进行了大幅度的调整，教材和授课内容既概括了木材切削技术的最新研究成果，将近十年来木材切削理论、刀具基础研究和刀具设计制造工业中出现的新材料、新技术和新刀具品种介绍给读者，同时又结合了我国木材工业部门的实际应用。新教材内容体系与1983年版教材相比，新编教材增加木材切削加工表面质量评价，减少铣刀设计内容，增加典型铣刀介绍和铣刀选用，增加木工刀具使用寿命评价和耐磨损技术，增加木材切削热、切削力的计算，增加聚晶金刚石刀具材料，液压夹紧套轴铣刀结构，激光切削，高压射流切削，振动切削新技术，刀具刃磨方法等内容。

3. 以能力培养为依据，活化基础理论

应用工程技术专业人才培养目标是从事工程技术工作的高层次专门人才，而不是从事理论研究的学术型人才。这就决定了教材编写必须活化基础理论、强化实践中的运用，理论与实践有机结合，把解决实际问题的过程上升到理性的角度思维。

木材切削原理与刀具课是木材科学与工程专业本科教学中的一门必修专业基础课，本课程的基本要求包括理论知识和操作技能两个方面，在理论知识方面要求学生：①掌握木材切削方面的原理与知识，为分析、解决与切削有关的工艺与设备问题打下基础。②掌握典型刀具的设计理论与知识，为独立选用、设计、改进刀具打下基础。实际操作技能方面要求：①能正确绘出所设计刀具的工作图并编写说明书。②了解常用木工刀具的修磨、检测技能。

因此，教材中将涉及的与切削有关的如木质工件表面质量，加工精度和刀具使用寿命等，以及选择调整切削参数，优化加工质量的方法做出了比较详尽的介绍。

4. 以"洋为中用"为准则，开阔学生视野

编写教材一定要有国际意识和国际视野。引进和吸收外国同类教材中的先进内容、先进方法，将那些带有共性和规律性的东西纳入教材之中，为我所用。但任何一个国家都有自己特定的国情，教材编写除了应该遵循共性和带有规律性的东西以外，都应该与自己的国情相适应。切忌东拼西凑、生搬硬套，把不适合中国国情的一些内容硬是塞进教材之中。本次编写的教材，与1983年版木材切削原理与刀具教材在内容的取舍和次序安排上，广泛地征求了各教材使用学校的意见，参考借鉴了美国和日本同类教材的内容，增加了大量新技术和研

究成果，如激光切削，振动切削和高压射流切削，金刚石刀具，液压套轴夹紧等新技术，刀具磨损，加工表面评价，木材磨削效率和影响因素，刀具刃磨等新研究成果。

5. 以学生本位为原则，增强教材可学性

教材是为学生服务的，教材建设必须坚持为学生服务的思想，体现学生本位的原则。这要求我们在课程内容的选择、学科方法的应用、教材体系的构架、教学案例的组织等方面，都要考虑有利于学生素质的提高、有利于学生能力的培养、有利于构建学生合理的知识结构。把教材的可读性和可接受程度放到重要位置，根据教材内容，尽可能地采用学生喜闻乐见的表达方式，以提高学生的学习兴趣。教材编写中体现弹性原则，除了满足大多数学生的学习需要以外，还应该给少数学生、特别是那些优秀学生或对某一课程有浓厚学习兴趣的学生留有一定的学习空间。在知识结构的组织上，根据课程特点可适当安排选学的有关内容。教材和教学辅助课件的编制过程中力图结构严谨，内容齐全，符合学习认知规律，有利于激发学生学习的兴趣和应用刀具能力的培养，教材和授课内容应包含课程涵盖的知识面，并在此基础有一定程度的扩展。

我国木材加工工业近 20 年，在国家经济发展，人民生活水平提高和建筑装修巨大发展的拉动下，以年均 25% 的增长率高速发展，2004 年我国人造板和家具工业的年产量和产值均达到世界首位，木材年进口、家具年出口量和消费量也为世界第一。木材工业的产品品种和生产规模急剧膨胀，但整个木材工业的发展还停留在低技术水平上的规模扩大，生产还停留劳动密集型的水平上，国际市场上我国企业的产品的竞争力也只保持低价格的优势上，行业高速发展，技术必须要满足工业发展的要求，这就需要大量懂技术、会管理的工程技术人才，基于这样的人才需求，学校应培养厚基础、宽专业、强能力、高素质的高级工程技术和研究型的复合人才。

该项目研究的总体思想是根据我国木材加工工业发展的现状和趋势，探索新形势下木材科学与工程专业的教学方式、方法。目前木材切削原理与刀具全部采用多媒体授课，2004年木材切削原理与刀具多媒体课件获得校教学成果二等奖。课程对教师授课全过程进行录像，教学录像和教学课件制作网络版，在木材实验室网（www.woodlab.com）上运行，进行网上展示。教学辅助课件结构严谨，内容齐全，符合学习认知规律，有利于激发学生学习的兴趣和应用刀具能力的培养，授课内容包含了课程涵盖的知识面，并在此基础上有一定程度的扩展。

由于专业技术课，技术性强，涉及的技术范围较广，因此在教学和学习的过程中学生难理解，课后复习查找资料难，通过网络教学的实施，学生课后又有机会通过网络与教师交流，并可以将教学方法，授课内容对外公开，加强与全球范围的交流合作，同时也促进授课教师的积极性和责任感，提高教学水平。

教学课件包括国内外著名木材切削刀具制造企业的刀具制品和刀具切削加工过程的展示，使学生了解木材切削刀具的新技术的应用状况，对提高学生选用刀具能力的培养有非常大的帮助。

加强实践教学建设，提高学生实际操作能力培养。项目组通过各种渠道收集了目前木材加工使用的各种典型刀具，通过典型刀具的切削状况和失效磨损状况演示，让学生了解刀具的使用和对加工表面质量的影响。

通过课程设计提高学生设计，选用铣刀和其他刀具设计和选用能力的培养。

三、创新点

1. 教学内容与课程体系创新

新编教材在内容和次序安排上，符合各学校教学大纲要求。在保持木材切削原有的基本理论框架下，增加了近二十年木材切削和刀具的最新研究成果，如木材切削热、切削力、聚晶金刚石等刀具材料，液压夹紧套轴铣刀，铣刀选用，激光切削，高压射流切削，振动切削，刀具刃磨等内容。教学内容和课程体系参考了日本和美国相关的教材，教材特色鲜明。

2. 教学方法和能力培养创新

木材切削原理与刀具全部采用多媒体授课，2004 年木材切削原理与刀具多媒体课件获得校教学成果二等奖。教师授课录像和教学课件制作了网络版，在木材实验室网（www. woodlab. com）上运行展示。

通过典型木材切削刀具切削状况和失效磨损状况实验，培养学生选用刀具和分析加工质量的能力。通过课程设计培养学生设计刀具和选用刀具的能力。

3. 及时填补了专业教材空白

解决了木材科学与工程专业无《木材切削原理与刀具》教材的局面，应用广泛。为提高木材科学与工程专业的人才培养质量提供了保证。

四、应用情况

本教材 2005 年 8 月出版后已有北京林业大学，福建农林大学，内蒙古农业大学，浙江林学院、华南农业大学，中南林业科技大学，四川农业大学，北华大学，天津科技大学，深圳职业技术学院，顺德职业技术学院和东莞职业技术学院在教学中应用。

配以北京林业大学设计制作的辅助教学课件，目前应用学校均反映教学效果非常理想，调动了学生学习的积极性，讲课有内容依据，课下复习、自学有比较好的教材资料。

在此基础上木材切削原理与刀具课程被北京林业大学确定为精品课程进行建设。

林木遗传育种学双语教学实践

2007 年校级教学成果一等奖

主要完成人：张志毅、康向阳、张金凤、李悦、张德强

一、项目的基本情况

遗传学和育种学双语教学研究是 2004 年 3 月立项，2006 年 3 月完成的校级教学改革研究项目。承担项目的国家级重点学科林木遗传育种学科的教师全部具有博士学位或教授职称，实力雄厚，多次夺得学校及学院的教学比赛第一名。通过项目组成员两年多的努力，取得了一系列教学成果：(1)选出了 1 本适宜我国学生的外文原版教材；(2)制作了 1 套英语网络版多媒体课件；(3)建立了 1 套遗传学英语试题库；(4)编写了中文核心讲义；(5)编写了英语课程教学大纲；(6)编写了中英对照遗传学专业词典；(7)研究出了一套可操作性强的实用双语教学方法。研究成果获得了学校的肯定，在项目验收时被评为优秀；从开始尝试、立项研究到目前约五年多时间，遗传学双语教学的教学效果得到了学生的好评，学生对教师的教学效果评价平均在 90 分以上；同时，我们的双语教学也得到了社会的认可，近几年，不少学生出国深造，还有许多学生在国内著名大学攻读硕士或博士学位；2005 年在首届全国农林院校林木遗传育种教学研讨会上我们作了双语教学主题报告，受到国内同行的好评，对兄弟院校启动双语教学工作起到了重要的参考和借鉴作用；与国外同行进行了交流和研讨，得到了国外多所名牌大学知名教授的指导，双语教学也得到了他们的好评，我们在双语教学中始终保持教学内容与国外同步。

二、项目研究的指导思想

随着我国改革开放的不断深入，特别是我国加入 WTO 之后，面对经济全球化和知识经济时代的到来，整个中国社会的运作机制正在或即将发生不同程度的变革，中国的高等教育也直接或间接地受到深刻影响，面临着重大的机遇与挑战。培养具有创新能力和国际视野的专业人才，就成为我国高校参与国际竞争、求生存与发展的迫切需要。双语教学有利于提高学生应用外语的能力；可直接掌握本学科的世界先进理论和技术，掌握发达国家最新研究成果；有利于引进国外先进的教学资源，是高校培养有较强国际竞争力人才的重要措施。因此我们遗传学双语教学研究的指导思想是：改变传统的培养国内人才的教学理念，加强与国外大学的教学交流，以培养具有创新精神和国际视野的遗传学专业人才为目标，从教材、教辅资料、教学手段、教学方法等多方面进行研究，并在教学实践中不断总结，提出一套可操作性强的遗传学双语教学方法，积极稳妥地推进遗传学课程的双语教学工作，为提高学生的专业能力和拓宽学生的国际视野做出贡献。

三、项目研究的技术路线

首先在教师中进行教学研讨，统一思想，然后分门别类收集各种文字和电子版的教学素材。集体讨论对比多种国外教材，确定选用的原版国外教材，使我国学生在教材使用上与国外学生同步，缩小我国学生与国外先进国家学生之间的差距。在此基础上，课题组成员合理分工，分别进行英语遗传学教学大纲的编写，对遗传学双语教学起到规范和指导作用；编制PPT课件主要用于教师的课堂教学，使抽象且难以理解的遗传学知识变得生动而直观，增强课堂教学效果；编制英文试题库，用于随时检测学生的学习情况，起到督促检查学生学习的作用；编写中文核心讲义，帮助学生加深对遗传学知识的理解；编写中英对照遗传学专业词典，帮助学生正确理解和掌握遗传学的专业词汇，为他们学习遗传学知识奠定基础。最后通过各个教师反复的教学实践和集体的教学研讨，总结出一套可操作性强，教学效果显著的遗传学双语教学方法。

四、项目研究中遇到的问题

实际双语教学当中遇到了许多问题，归纳起来主要有三类情况。一是本科生中有少数学生所学外语不是英语。在我国现行的中小学教育中，学生一般学一门外语，绝大多数学生是学英语的，但有极少数学生是学日语、俄语等其他语种的。当你刚开口用英语讲解，他们就会理直气壮地举手，说他是学其他语种外语的。面对这样的学生，是很难进行汉英双语教学的。二是学生的英语水平参差不齐。少数学生英语听说能力很好，可以完全接受全英语授课。他们会鼓励教师一定要坚持用英语讲下去；部分同学可以勉强听懂，需要课后复习，才能真正理解课上内容。他们要求教师讲得语速慢一些；大部分同学最多能听懂50%，需要课前预习、课后复习，反复多次才能跟上。他们希望教师能用汉语讲重点内容，他们可以正确理解这些内容，课后少花些时间；还有极少部分同学（每班1－2名）基本上听不懂，只能花大量时间自学，长时间处于这种状态，他们就渐渐失去兴趣，不来上课了。三是师资不足。开展中英文双语教学必须首先有一支英语口语流利的专业课教师队伍。目前在校任教的教师大多都是国内培养的优秀人才，他们是各自学科的佼佼者。但他们同样有我国英语教育的通病即听说能力差。过去国家选派教师出国也主要是科研进修。因此，能够进行双语教学的教师严重不足。

五、项目研究的成果

针对教学中遇到的问题，通过几年来的教学实践，取得的教学成果主要体现在以下四个方面：

1．在课程建设方面

（1）编写了英文遗传学教学大纲。参照国外多所大学的遗传学教学要求，结合我校的教学，编写了教学大纲。对遗传学双语教学起到了规范和指导作用。

（2）采用影印版国外教材。我们收集了大量原版国外教材，如《Introduction to Genetic Analysis》，《Concepts of Genetics》《Principle of Genetics》等，在多方选择对比各种国外教材后，决定采用国家教育部高等教育司推荐的、经国内专家教授审慎评选出的国外优秀生命科学教学用书，《Essentials of Genetics》最新版本的影印版。这本教材在内容保持了原版的原汁原味，反映了学科发展的最新进展，并具有权威性和时代感。虽然采用黑白影印，但随书赠送含有原书彩图的光盘。较国外原版教材动辄几百元的书价，其另一巨大优点是极大地降低了书价，仅为人民币40元左右。这样学生能买得起，还能看到原书彩色精美的插图。

（3）编写了中文核心讲义。根据英文原版教材的编写思路，编写了26万字的中文核心讲义，供同学们课外自学，并与英文教材对照学习，加深对遗传学的理解，迅速提高英文遗传学的学习能力。

（4）编制了多媒体课件。在大量收集各种图像和动画资料的基础上，精心编制了遗传学多媒体课件。将复杂抽象的遗传学概念和过程用图像生动地表现出来，显著增强了课堂教学效果，提高同学们的学习兴趣。

（5）编制了中英对照专业词典。帮助学生正确理解和掌握遗传学的专业词汇，为他们学习遗传学知识奠定基础。

（6）编写了遗传学英文试题库。目前已收集了880多道英文遗传学试题。采用校目前较为先进的试题库软件，按经典遗传、细胞遗传、分子遗传、群体和数量遗传四个大部分内容依不同难度编制成选择题、填空题、简答题、论述题等，按不同考试目的选择后可自动生成试卷。便于教师随时检测学生的学习情况，起到督促检查学生学习的作用。

2．教学方法方面

（1）多媒体课件和中英遗传学专业词典上网。双语教学毕竟不同于母语教学，开设双语课之前，我们将多媒体课件和遗传学中英专业词典在校教务处网页上网，便于同学们预习和复习。

（2）介绍优良的有关遗传学的国际网站。遗传学作为生物科学的核心学科，目前的发展日新月异。开课伊始，我们就将国际上优良的有关遗传学知识学习的网站和Science、Cell和冷泉港实验室等著名的遗传学研究前沿网站告诉学生，让他们及时了解当前国际上最先进的遗传学动态，提升他们的抱负水准，增强他们的民族责任心。

（3）采用多媒体教学。我校有非常好的多媒体教学条件，我们在教学中能充分利用。将复杂深奥的遗传学现象和原理通过多媒体用精美的图像呈现给学生，可以极大地激发他们的学习兴趣，使上课成为一种享受，在某种程度上还可弥补语言的苍白，显著增强了课堂的教学效果。

（4）讲课时注意语言的使用。英语的"Written English"与"Spoken English"是不同的，它们各自起源于不同的语系。即使在中文中书面语与口头语也有区别。试想一下，如果教师将课本中的含有30－40个词的书面语英语长句背诵出来，别说学生难以听懂，教师自己也难免记混。因此，在课堂上，我们尽量使用英语短句和连接词，这样使学生容易听懂并能了解其中的内在逻辑关系。看到多数学生面露疑惑表情就有意识地放慢语速，因为讲课的内容教师非常熟悉，越熟悉语速越快。因此，刻意放慢语速能照顾到大多数同学，这在开始几节课显得尤为重要。

（5）处理好专业课与外语教学的关系。专业课教学最终还是让学生理解并掌握所学的专业知识，因此教学中的重点和难点内容坚持用中英双语，确保学生在掌握专业课知识的同时，提高外语应用水平。对学其它外语的学生，则向他们推荐比较好的中文或英文中译版教材，对他们学习中遇到的问题给予特别辅导。

（6）经常鼓励学生。双语教学中经常会听到学生反映他们的为难情绪，这主要是在开始双语教学的第一个月。遇到这种情况就及时用各种事例鼓励他们，特别是新加坡人和许多非洲人都可以讲流利的英语，而且疯狂英语的创办人李阳没出过国，也讲流利的英语，这说明并不是所有人只有到过英美国家才能讲英语。通过努力学习，在国内也可以学成。一个月过后，同学们基本适应了双语教学，教学效果会越来越好。

（7）考核中贯穿双语。考试是学生学习的指挥棒，用得好可起到事半功倍的效果。我们按教学内容安排了 3～4 次小考，平均每月 1～2 次，全部为英语试题，鼓励学生用英语答题，也可以用中文，但英文答题可得加分。并要完成一些开放性的大题目，最后的期末考试要和平时的各种考试一起按比例计算成绩，培养学生平时用功学习的好习惯。

3. 师资培训方面

我们一直积极鼓励和选送教师进行各种形式的外语培训，注重教师英语口头表达能力的提高。我们已有 1 名教师参加了国家教育部组织的"高校基础课任课教师出国研修项目"，到英国研修英语教学，并获得了英国曼彻斯特大学生颁发的英语授课资格证书；还有 1 名教师正在国外研修，另有 2 名教师参加了我校英语教学培训；多次组织国外遗传学专家来校作学术报告；有多名教师短期出国培训。

4. 国际交流方面

我们学科的客座长江学者、美国北卡州立大学的李百炼教授在美国讲授遗传学，他对我们的遗传学双语教学给予了重要的指导，在教材选择、教学方法、考核方式等方面提出了许多建设性意见，并和我们共享他在美国的教学资源；在德国哥廷根大学遗传学教授 Finkldey 访问我校期间，我们详细询问了德国大学本科生的遗传学教学情况，并和他交流了我们在遗传学双语教学中所采用的方法，他对我们的教学给予了高度评价。我校校友、美国康涅狄克大学的李义教授在美国讲授生物技术等课程，他在回母校期间也对我们的遗传学双语教学提出了许多宝贵建议；此外美国田纳西大学的程宗明教授和美国俄勒冈州立大学的 Steven Struss 教授等访问我校期间也对我们的遗传学双语教学给予了指导，并对我们的工作十分称赞。广泛的国际交流确保了我们的双语教学与国际先进国家遗传学教学的同步性，这对于我们培养具有国际竞争力的人才有着十分重要的作用。

此外，我们从课题完成至今一直在做相关的配套建设工作。如：经常培训教师，继续鼓励和支持教师参加各种形式的外语培训，提高教师的英语水平。支持教师开展教学经验交流，支持教师参加各种教学研讨会，广泛开展教学研究方面的学术交流。做好教材、课件、试题库的更新与维护工作。遗传学的发展速度很快，相应的教学工作更新速度也很快。因而教材、课件、试题库的更新与维护将是一项长期的工作。

六、项目研究的教学成果的特色

（1）可操作性。本项教学成果十分便于教师的教学和学生的学习，教师可根据自己教学的需要，自主选择教学素材和教学方法，并可及时更新。学生可课前预习网络上提供的资料，增强课上的听课效果，课后可复习和检测学习效果；

（2）时代性。采用符合当前时代特点的电子教学手段，使遗传学的教学具有时代性；

（3）实用性。网上提供中英对照的遗传学专业词典和教学课件，学生可随时学习和复习遗传学知识。

（4）示范性。在首届全国农林院校林木遗传育种教学研讨会上该项目组人员作了遗传学双语教学主题报告，受到同行的好评，对兄弟院校启动专业课双语教学工作起到了重要的参考和借鉴作用。

（5）国际性。与国外同行有广泛的交流，确保遗传学双语教学与国际的同步性。

七、研究成果的应用与推广

目前生物科学专业、生物技术专业以及林学专业的遗传学课程都在采用中英双语授课方式教学，通过五年多的双语教学实践，许多同学反映他们现在打开英语课本不像从前那么为难了，考试时同学们都能看懂所有考试的英文题目，没有答非所问的现象。所有的同学都能做英文选择题，有的同学可用英语回答论述题。特别是那些准备考研究生或已被推荐为研究生的同学，认为对他们的学习帮助很大，并极力推荐老师在以后年级的教学中使用双语。同学们的英语听力水平、阅读水平有明显提高，遗传学专业知识掌握面拓宽了，特别是了解最新的英文原版遗传学研究进展的能力显著提高。生物科学专业有十分之一同学出国攻读硕士或博士学位，如英国的剑桥大学、美国的北卡州立大学等，许多同学至今与我们的教师保持着密切的联系，反映遗传学双语教学为他或她们适应国外的学习打下了非常好的基础；另有三分之二的同学进入我国著名的大学如清华大学、北京大学等和中国科学院的各个研究所深造，据这些同学反映，遗传学双语教学使他们在进入这些大学和科研院所时比其它学校的学生具有明显的优势。双语教学的研究成果对我校的遗传学教学起到了很好的促进作用，2006年我校主编的《遗传学》教材被批准为"十一五"国家级规划教材，将于2008年正式出版。我们2005年在首届全国农林院校林木遗传育种教学研讨会上作了双语教学主题报告，受到同行的好评，对兄弟院校启动专业课双语教学工作起到了重要的参考和借鉴作用。我们认为一门课的双语教学，虽然不能起到立竿见影的效果，但它对学生的影响是潜移默化的、长期的，将对我们培养国际化人才和提升我国的国际竞争力起到不可估量的作用。

总之，专业课双语教学作为培养国际视野人才的重要手段，受到国家的高度重视，正在各高校逐步推进。我们的遗传学双语教学实践说明，专业课双语教学是可行的而且在某种程度上是必须的，因为在我国的教育体系中花费了巨大的人力、物力和时间的英语教育最终是为了应用其为我国的发展服务，而不是作为无用的考试项目耗费我国的财力和学生的生命。相信专业课双语教学的开展与不断地提高完善，将极大地拓宽学生的知识获取范围，对他们的文化修养、思维习惯、思路的开阔等有长期潜在的影响，会显著提高我国学生的专业能力和外语应用水平，我们培养具有创新能力和国际交往能力人才的目标是能够实现的。这样的人才对我国应对经济全球化和知识经济的挑战至关重要，是提升我国综合实力的重要依托力量。

植物学教学改革与课程建设

2007 年校级教学成果一等奖

主要完成人：李凤兰、郭惠红、刘忠华、高述民、胡青

在深入贯彻落实教育部第二次全国普通高等学校本科教学工作会议和教高［2005］1 号文件精神的过程中，人们深切地体会到基础课程建设已经成为保证和提高高等学校教学质量的关键。因此加大基础课程的教学改革力度已经成为高等学校提高教学质量的一项重要任务。《植物学》是北京林业大学林业、环境、生物、园林、园艺、草业等十几个专业的重要的专业基础课程，是全校每年近 800 名本科学生的必修课。《植物学》也是深受广大学生喜爱的、对他们后续课程学习有重要影响的一门课程。深入搞好植物学的教学改革势在必行。植物教研组的老前辈们在实验室建设、教材编写、教学方法改革等方面都做出了突出的贡献，为了更好地继承和发扬老一辈的优良传统、推陈出新，以适应当前教学改革的需要——在学生实践和创新能力培养方面下功夫，更好地提高植物学的教学质量，植物学教研室全体教师在将知识传授与人才培养结合起来的教学思想指导下，坚持在教学内容、教学方法以及考试方式等方面作了重要的改革，在人才培养方面也进行了一些有益的尝试，取得了一些可喜的教学研究成果。2005 年，《植物学》课程被评为校级精品课程建设项目，项目验收评审结果为优秀。2007 年，《植物学》课程被评为北京市精品课程建设项目。

一、教学内容改革

1. 内容调整

本着强化基础、突出重点，体现学科前沿的精神，正确处理好教学内容中经典和现代、基础与前沿的关系，进一步调整课堂讲授的教学内容。如植物细胞一章，课堂讲授重点突出重要细胞器的结构和功能特点，不再介绍细胞内含物等知识，而是将这一部分放到实验课上，让学生通过自学和实验设计自己解决。如植物组织一章，内容上也做了适当删减，并将该章的内容与根茎的结构和发育联系起来，穿插于其中进行讲解。既加深了同学对组织和器官之间联系的理解，又减少了不必要的重复。

2. 加强实践教学

由于一年级学生在中学学习期间重书本轻实验，实践方面的知识少的可怜。有的学生只知道杨和柳，对其他植物一窍不通。有的学生连显微镜也不会使用，更谈不上动手自主做实验。针对这些问题，我们有意识地从以下几个方面加强实验、实践环节：

（1）在实验环节中加强自主设计的实验内容比重、加强动手能力的训练。

实验课上多出一些思考题，让学生带着问题去设计实验。在实验内容的安排上尽可能让学生多动手制作徒手切片或临时装片，掌握常用的实验观察方法。如细胞、组织、根茎部

分，彻底改变过去以永久制片为主的观察模式，增加了近 50% 的自行设计、自己制片的观察内容。

（2）加强综合性、设计性的实验内容比重。

由于教学内容繁重、教学时间和空间的限制，我们在适当的时间在部分班级进行带有综合性和设计性的实验。教师指导性地提出一些问题，如校园内常绿植物与落叶植物的外部形态与解剖构造的区别、珍稀濒危植物种子休眠机理、松树雌雄球花的分化比率等，让学生自愿组成小组进行课外多方位的研究。

（3）精心安排实习内容，加强实习环节的总结和考察。

根据不同的生态环境和植物种类的特点，有针对性地安排实习考察路线、确保实习考察内容丰富。同时精心安排好实习的内业，在学生分组进行实习总结的基础上，教师带领全班进行实习的全面总结和考察。确保每一位同学在实习中的学习效果。（实习的考察及格率在 100%，优良率达 80%～90%）。

3. 双语教学

多年来，利用国外优秀教材资源，为学生提供部分外文资料，丰富教学内容，加强学生对英文专业词汇的学习，并在此基础上，于 2007 年在部分班级实施了植物学双语教学活动。

4. 引入前沿

在强化植物学经典基础知识的同时，我们选择适当的切入点，结合与人类生存息息相关的衣、食、住、行和环境污染、能源等重大问题及教师的科研课题将最新研究动态、成果或需要迫切解决的问题介绍给学生，激发学生学习植物学的积极性和探索精神。

二、教学方法改革

1. 启发式教学

在原有教学改革的基础上，进一步改革传统的教学模式，更有针对性地用启发式教学方法调动学生学习的积极性，活跃课堂气氛。如在讲解同学们非常感兴趣的细胞全能性问题时，教师不做任何讲解，而是提出问题让学生讨论什么是细胞的全能性？动物和植物细胞的全能性有无区别，为什么？课堂一下子就活跃起来，同学们争先发言，从多莉羊到克隆人，大家讨论得很热烈。在充分讨论的基础上教师再总结，学生们印象深刻。

2. 自主学习

为了促进理论和实践的结合，针对某些教学内容采取课上、课下相结合的教学方式，促进学生自主的学习。如被子植物分类的形态术语，在教师讲授后，学生需要有一个理解消化的过程。因此在教师课堂讲授后，为学生安排一定的小专题，如收集校园内不同的果实类型、花序类型等。让学生利用课余时间结合老师课堂讲授的内容，在完成小专题的过程中进行自主的学习。既巩固了课堂知识又提高了学习的能力。

3. 学生参与教学环节

针对不同的教学内容和特点，教师采取灵活的教学方式，调动学生的学习积极性。如在植物分类形态术语的教学中，由于内容比较繁杂，单纯由教师讲解会让学生感到枯燥乏味。部分教师尝试采取了让学生先看书、预习，再由学生上讲台讲述的形式。强烈的表现意识使学生们对这种学习形式很感兴趣，而且激发了学生的创新意识。担任讲解的同学们准备的格外认真，而且是语言诙谐、竭尽所能地发挥，以争取好的教学效果。我们深切地体会到学生们的表现欲和创造欲是很强的。今后我们还要更好地坚持这种教学改革，促进学生创新意识、调动学生自主学习的积极性。

4. 创新思维能力的训练

学习能力也是一种思维能力，这是一种非常重要的能力培养。无论是现在的学习还是将来毕业后的工作，都需要有一种能在纷杂的事物中迅速理出头绪、把握住要点和关键的思维能力。即 grasp the main points 的能力。在植物大类群及被子植物分类形态术语的学习中，为避免学生死记硬背、从枯燥的概念中走出来，我们让学生通过编制定距检索表的形式把所学的知识穿起来，把各大类群之间的区别点和形态术语中各种概念之间的差异找出来。在学生进行练习的过程中，我们发现平时思维能力较强的学生比较得要领，很快就能完成一个思路不错的检索。而平时学习不得要领的、学习吃力的学生在编制检索时也非常困难。这反映了思维能力上的差异。因此我们有意识地强化了这方面的训练。实践表明通过编制检索表的形式学习，不仅使学生对植物大类群之间的关系、对各种果实、花序、雄蕊、雌蕊等形态术语的内涵更清晰了，而且在分析问题的思维能力上也有了不同程度的提高。由于编制检索的过程可有不同的路径和思路，因此也是突显学生个性和发挥创造性的机会。对此同学们比较感兴趣。

鼓励学生利用课余或寒暑假时间进实验室参加教师的科研实践活动。这是一个主动探究知识的过程，科研中出现的问题会促进他们去思考、去学习，从根本上改变了学生被动学习的状态。学生们都反映来实验室参加科研实践，不但动手能力得到了很大锻炼提高，而且理论知识也更加扎实，在实验室中学到的比课堂上接受的东西要更加直观和深入。生物 04 级学生滑昕、乔楠、孙鹏等在暑期社会实践总结中，生动地描述了他们在实验室进行科研实践锻炼的体会：从 DNA 的提取到电泳图谱上清晰的 DNA 条带，使他们对 DNA 不再感到神秘。05 级转专业的郑超怡、钟健、赵立勇同学在植物学种子植物有性生殖中关于花性别分化问题的启发下，已经在院学生科研基金的支持下，开始了松树雌、雄孢子叶球分化的生理生化机制的研究。黄放和汤耀辉同学结合植物学有关打破种子休眠的知识，针对有重要经济价值的南方红豆杉种子深度休眠不易成苗的问题，自选课题立项开展南方红豆杉种子休眠机理及人为打破种子休眠方法的研究。06 级的一年级学生韩镠、刘士畅和应泽华三位同学通过废旧无汞电池浸提液对菜豆、玉米等幼苗生长影响的研究探讨无汞电池对环境的影响。也许他们的设想目前看来还显稚嫩，理论意义也未见得有多深远，但这却是非常宝贵的具有原创意义的闪亮的火花，是值得维护和支持的。他们已经成为我们植物科学实验室里不可分割的一部分，他们的到来对教师也是一个很大的促进，促使教师知识更新、不断学习。教师必须面对学生，成为学生学习的榜样。同时教师也要转变观念，启发引导学生，更平等地与学生交流学习，形成宽松的学习气氛。

5. 鉴定、检索能力的培养

多年来在植物学分类部分的教学中，坚持让学生自己动手在解剖镜下解剖、观察植物的花，写出花程式，并利用工具书对植物进行鉴定、检索。在学生对植物的性状有一定感性认识的基础上，教师再带领学生进行科识别要点的总结。通过此种学习的模式，不仅增强了学生进行显微操作的能力，而且增强了借助工具书进行自主鉴定、检索的能力，和融会贯通掌握所学知识、综合分析错综复杂问题的思维能力。

三、考试方法改革

考试方式对学生的学习有着重要的导向性作用。因此要改变学生死记硬背应付考试的学习方式，必须加大考试改革的力度，探讨适合创新人才培养的考试模式。

1. 实验课单独考核

在部分班级进行期末植物实验考核，考核的内容包括：

（1）观察实物切片的能力：通过显微闭路电视，对学生进行切片的显微内容考核，检查学生平时实验观察的效果。

（2）动手能力：让学生动手制作切片或临时装片，考察学生的实验操作是否规范。经过近年来的实践，证实这种考核方式有利于加强学生动手能力的培养。

2. 改变题型

试题中适当减少单纯概念性的题目，尽可能增加灵活运用、能体现学生综合分析和学习能力的试题的比重；适当增加实习内容的比重。一方面促进学生对实习、实践环节的重视，另一方面促进学生养成善于思考、综合分析问题的能力，养成换位思考的方法。

四、教材与课件建设

1. 教材建设

（1）2005年教研组承担编写的《植物学实验教程》已于2007年4月由中国林业出版社正式出版，2007年9月已用于本校本科生的植物学实验教学。该教程是植物教研室全体教师多年来的教学及科研结晶。实验材料以木本植物和经济植物为主，充分体现了林业特色；教材图片大多选用教师的科研成果，充分体现了教学和科研的紧密结合；本着培养学生创新能力的目的出发，实验内容的编排有了调整，尽可能减少验证性实验内容，加大学生自主选择实验材料进行探究性实验的部分。同时，对一些知识点进行有机整合，改变以往严格按照章节所作的实验安排，尽量避免一些知识点的剥离，将一些内容联系密切的章节整合在一起，形成一个完整的实验内容，以便于学生对知识融会贯通的理解。并在实验编排中设置综合分析题，激发学生积极思维，带着问题去进行探究性实验。

（2）2006年承担编写的国家"十一五"教材《植物生物学》已由中国林业出版社正式出版，现已用于本校的植物学教学。教材是在充分借鉴、吸纳曹慧娟先生主编的《植物学》及其他国内外相关教材及系统总结本课题组教学科研成果的基础上编写的。教材既吸收他人教材的闪光点，也突出本教材主编人员的独到创新之处。教材不仅充分反映植物学科近十多年取得的一些相关科学进展，同时也使课题组在木本植物生长发育等方面多年的科研资料积累在教材中得到充分的体现。

2. 课件建设

（1）已完成对植物学多媒体课件第一版（获2000年校级教学成果一等奖）的改进与完善，新版植物学多媒体课件（见教学成果提交材料）即将投入使用。新版多媒体课件在内容结构上作了一些调整，如在营养器官和生殖器官发育部分，将部分知识点有机整合，使讲授的内容更紧凑、合理，同时补充了一些新的内容，使课件更为完善了。新版植物学多媒体课件还增加了近150张图片，如在裸子植物部分，使授课内容更为直观、生动，达到了图文并茂的效果。

（2）已完成对植物分类部分教学课件（2005 年制作）的改进，增加了近百张植物和花形态解剖的图片，不仅丰富了讲课的内容，而且生动形象的实物照片使学生对植物分类学的知识不再感到抽象和枯燥。既提高了学生的学习兴趣、又有利于强化学生的记忆、提高教学效果。

（3）为了拓展学生对植物学的学习，制作了植物生物多样性多媒体课件，作为学生课余学习植物生物多样性及植物资源利用方面知识的辅助学习课件。

五、教学研究论文

植物学教研室全体教师在植物学教学改革和课程建设中，不断探索改革教学内容和教学方法，积累了丰富的教学理论和实践经验，撰写了数篇教学研究论文，近期发表的主要教学研究论文如下：

（1）李凤兰，郑彩霞，郭惠红，高述民，刘忠华，徐桂娟．本科生科研实践锻炼有利于人才培养．教育创新与创新教育探索论文选编．中国林业出版社，2007

（2）郭惠红，刘忠华，李凤兰，董源，高述民．植物学教学探索与实践．中国林业教育，2004，（4）：52～53

（3）高述民，李凤兰，张志翔．生物学发展及其对人才素质的要求．生物学通报，2004，39（9）：32～35

（4）Liu Zhonghua. Using contemporary education strategies to improve teaching and learning and learning in a Botany course at Forestry University. *CAL – laborate*，June2005，29～34

多年来，正是《植物学》课程坚持在教学思想、教学内容和教学方法等方面进行改革和课程建设，使《植物学》课程陆续成为校级和北京市精品课程，得到了校内外同行的认可，是深受学生欢迎的一门专业基础课。学生对教师的教学评价一直保持优秀，多位主讲教师受到学校奖励。教学改革在学生动手能力和创新性思维能力培养方面也取得了可喜成绩，使他们在激烈的人才竞争中脱颖而出。如生物 02 级的姬飞腾同学坚持自主学习、积极参与教学实践环节，利用课余或寒暑假参加教师的科研实践活动，不仅巩固、扩展了其理论知识，还增强了其动手能力，强化了创新思维能力的训练，使其整体素质有了大幅度的提高。2006年被保送到中科院植物研究所读研，他在科研工作中的突出表现受到了所内专家的一致好评。本课程组在创新型人才培养方面所作的改革，正在开始步入良性循环的轨道。

日语专业系列课程建设及教学法改革研究

2007 年校级教学成果一等奖
主要完成人：段克勤、祝葵、陈咏梅、魏萍、崔信淑

一、项目实施背景及现状分析

1. 项目的背景、研究对象和内容

北京林业大学日语专业自 2002 年 9 月正式面向全国招生，目前，已招收了五届学生，今年将有第三批毕业生。日语专业对林业大学来说是个全新的专业，具有发展潜力，好的发展前景。所以，无论在系列课程建设，还是在教学法改革等问题均有待进一步研究。

2002 年 6 月申请了"日语专业课程建设研究"项目，进行了资料查询、调研等工作，制定了新形式下 2002 版日语专业的人才培养模式，并根据此模式制定了适合我校日语专业的教学计划和教学大纲，并以此为依据逐步规范各门基础课的教学内容和教学方法。通过教学实践研究了初级阶段(低年级)相应的教学方法，编写和制作初级阶段相关教材和多媒体课件。此项目获 2004 年教学成果三等奖。

进入 21 世纪以后，对高等学校日语专业人才的培养模式有了更新、更高的要求。日语专业大纲规定 21 世纪高等日语人才的培养目标和规格："这些人才应具有扎实的基本功，宽广的知识面，一定的相关专业知识，较强的能力和较高的素质。"我们认为我校日语专业要达到《大纲》对人才培养的要求，首先在整合专业基础课程体系和教学内容、优化专业课程理论和实践教学体系、改革教学法与手段上下工夫，同时还要研究提高学生综合素质的教育方法和途径上下工夫，以保证人才培养质量。本项目的目标是根据现代语言学、应用语言学以及教学理论，通过上述内容研究和实践，并结合我校日语专业的教学实际，进一步完善和优化日语专业人才培养方案，构建优化的理论课程体系和实践教学体系的教学模式。提出日语专业系列课程建设、特别是主干课程教学内容、教学方法、考试方法、教材建设的综合改革研究和实践的具体措施，逐步建立一些先进的教学模式，创建精品课程。同时找出招生以来存在的问题并提出解决对策。

基于以上思路，2003 年 6 月，我们又申报了校级教学改革项目"日语专业系列课程建设及教学法改革研究"。获得批准后，立即启动。在此项目的资助下，我们不断修订完善日语专业的培养模式，将进一步修订适合我校日语专业的教学计划和教学大纲。并以此为依据，按照项目的研究目标和内容，结合低年级的研究成果，逐步规范高年级各门课程的教学内容，以此来保证人才的培养质量。并且通过几年的教学实践，借鉴公外日语、兄弟院校的教学经验，研究高级阶段(低年级)乃至全学年的相应的教学方法，编写和制作中高级阶段相关教材、习题集和多媒体课件。写出了相关的教学法、语言学和日本社会文化等方面的

论文。

此项目结题后也不断进行日语专业系列课程的建设，不断进行教学内容、教学方法的改革和实践，结合学校对 2002 版人才培养方案修订的要求，制定了 2007 版人才培养方案，在各方面取得了很大的成绩。

2. 项目研究的整体思想

（1）进一步完善和优化现有日语专业人才培养方案和模式。

（2）完善日语专业教学文件。

（3）研究日语专业中高级阶段的教学内容、教学方法和测试方法。建立国际日语考试、学位考试中、高级试题库。

（4）编写相应的教材，研究教和学的关系。

（5）写出相关领域的研究论文。

（6）完善主干课程教案。

（7）改进教学手段和方法提高学生学习兴趣，制作特色的多媒体课件。

（8）探索日语专业教学法，提出我校日语专业教学法的措施和实践。

3. 项目开展的主要活动及采取的措施、方法

（1）广泛查阅国内外近期出版的有关书籍、日语专业期刊、杂志，对当前外语教学法在理论和实践上的发展进行综合调查与研究。

（2）深入进行教学方法研究。找出适合日语专业日语零起点、双语教学的教学方法。

（3）改革传统式的教学模式，在日语教学中充分发挥教师与学生双方面的积极性，通过有效的教学方法使学生能够最大限度地参与教学的全部过程，引导学生积极主动地学习，培养学生发现问题、解决问题的研究能力，充分发挥学生的独立性、自主性、能动性和创造性。

（4）进一步调查、借鉴兄弟院校的日语教学经验以及日语专业的课程建设和教学法改革的情况。

（5）结合我校日语专业的特点和具体情况，整合专业课体系和教学内容，优化专业课理论教学和实践教学体系，研究探讨、改革教学方法与手段。同时结合我校日语专业教学的实际情况，提出日语专业系列课程建设和教学法改革的具体措施，并找出实际教学中存在问题的解决对策。

（6）运用现代教学手段，充分利用现有的电教设备将多媒体与计算机辅助教学运用于日语专业教学中。

（7）根据实际教学情况编写适合日语专业有关课程的教材。

（8）建立中、高级阶段即与学位考级相关试题库。进行考试方法的研究。编写中、高级习题集。

（9）理论研究现代语言学、应用语言学、外语教学理论，特别是认知心理学、人文教育理论以及第二语言习得理论对外语教学的影响及其教学实践中的应用。应用理论研究对以上实验及调查结果进行分析、归纳、总结，上升为对我校日语专业教学实践具有指导意义的而且是可行的教学原则。

（10）不断补充、购置国内外图书资料、影视光盘。

二、项目具体实施情况、分析和评价

(一)本项目主要完成了以下工作

1. 修订人才培养模式

本专业培养德、智、体全面发展，根据各行业涉外工作的实际需要，培养具有扎实的日语基础知识和广泛的科学文化知识，能在对外交流与合作、经贸、文化、新闻出版、教育、科研、旅游等机关、企业和服务性机构从事翻译、管理、接洽、营销、人事、文秘、教学等多种工作的高素质、复合型日语高级专门人才。

修订了日语专业本科培养方案。包括：专业培养目标；专业培养要求；主干学科和主要专业课程；全学程教学安排。

2. 撰写教学研究论文

共完成论文九篇，其中在正式刊物发表 6 篇，待发表 3 篇。主要内容：教学法、语言学、应试等。具体如下：

- ●《解码理论在日语听力理解中的运用》，北京林业大学学报社会科学版 2005 年增刊
- ●《「迷惑」「手数」的用法差异》，日语知识，2005 年第 5 期
- ●《表达歉意时非语言行为的中日对比研究》，日语学习与研究，2005.4
- ●《关于补句标志"の"和"こと"で相互置换》，日语学习与研究，2003.4
- ●《日常生活における侘び行为に关する日中韩对象研究》，日本学研究，第 15 期
- ●《从语言表现模式探讨中日歉意行为差异》，吉林公安高等专科学报，2005.5
- ●《零起点日语教学的探索和作法》
- ●《日语专业教学法改革研究》
- ●《如何提高日语应试中的阅读能力》

3. 编写校内教材、教学辅助材料，制作多媒体课件

- ●编写了《日语翻译》教材
- ●编写了《日语写作》教材
- ●编写了《日本文化》教材
- ●编写了《中、高级日语语法练习集》
- ●编写了《中、高级日语词汇练习集》
- ●编写了《中、高级日语阅读练习集》
- ●制作了《日本文化》多媒体课件

(二)日语专业教学方法改革的探索与实践

1. 专业概况

为适应经济社会发展的需求，根据我校本科专业建设发展的定位和学校师资、基本教学条件的状况，参照我院英语专业的成功经验，我校于 1998 年开始筹建日语专业。通过广泛调查研究，参照兄弟院校比较成功的培养方案，经过科学论证，确定了我校日语专业人才的培养目标、模式，进而设计了培养计划和教学计划。自 2002 年开始，日语专业面向全国正式招生，每年招生 25 人。自招生以来，本专业按照人才培养目标，围绕培养人才的原则，不断加强教学体系、教学内容和教学方法的研究，努力创造、完善教学条件，现有师资队伍比较完整、教学质量也有保证，使本专业进入良性发展。本专业对林业大学来说是个全新的

专业，具有一定发展潜力和良好的发展前景。

2. 教研室建设

教研室不断组织探索教学方法，提高教学质量一直是教研室工作的中心，其中教师队伍的建设是保证教学质量的基础，为此，教研室采取一系列措施，包括教学研讨与交流，课程总结、学术讲座，科研活动等。有长远规划。师资队伍不仅在数量上要有保证，而且鼓励教师攻读博士学位。现有日语专业教师 8 名，其一名外籍教师。其中教授 1 人；副教授 1 人；讲师 6 人。博士学位 2 人；硕士学位 6 人。学员结构良好，都毕业于全国各综合大学外语学院、外语大学或国外大学。其中 50% 教师在国外获得学位，全部教师都有留学经验。

在科研上鼓励教师有比较专一的研究方向，同时也鼓励一人能兼有多个研究方向。教师的研究方向应涵盖语言学、应用语言学、文学、翻译、文化、社会、商务和管理、国际交流等方面。

此外，教研室以师生座谈会、学生意见问卷调查等形式或通过学生部了解学生对教学的意见，每次都将学生意见汇总，传达给每一位任课教师，并要求教师认真听取学生意见，加强与学生的沟通，及时解决教学中的问题，改进教学方法。

3. 教学内容和课程改革

教学内容与课程体系改革的总体思路是：转变教育思想，更新教育观念，树立新的人才观和质量观；有利于人才培养目标的实现，体现专业特色；结合人才培养模式改革的不断深入，实现教学内容和课程体系的优化与重组，不断进行系列课程建设和改革。

（1）基础阶段研究：我校日语专业自 2002 年 9 月正式面向全国招生，从零起点学习日语，基础阶段专业建设，尤其是教学大纲的编写、各门主干课程、专业课及选修课内容的规范化建设等问题均有必要做深入研究。

基于以上思路，2002 年 6 月，我们申报了校级教学改革项目《日语专业课程建设的研究和实践》。在此项目经费的资助下，我们根据日语专业的培养模式，制定了适合我校日语专业的教学计划和教学大纲。并以此为依据，按照项目的研究目标和内容，逐步规范低年级各门课程的教学内容，以此来保证人才的培养质量。并且通过教学实践，借鉴国内知名大学日语专业教学的经验，研究了基础阶段（低年级）相应的教学方法，编写和制作出初级阶段相关教材和多媒体课件。写出了相关的教学法和日本文化研究方面的论文数篇。于 2003 年以优秀的成绩通过该课题验收。并于 2004 年获优秀教学成果奖三等奖。

（2）高级阶段研究：在 2002 年课题研究成果和实践的基础上，完成《日语专业系列课程建设及教学法研究》课题的研究，本课题以高年级专业课为研究对象，进一步优化人才培养方案，重点放在整合专业课体系和教学内容，优化专业课理论教学和实践教学体系，研究探讨、改革教学方法与手段，以此保证人才培养质量。同时结合我校日语专业教学的实际情况，提出日语专业系列课程建设和教学法改革的具体措施，并找出实际教学中存在的问题和解决的对策。

日语专业大纲规定 21 世纪高等日语人才的培养目标和规格："这些人才应具有扎实的基本功，宽广的知识面，一定的相关专业知识，较强的能力和较高的素质。"

关于课程的改革，我们讲结合学校各专业人才方案的修订，根据实际教学中存在的问题，将作进一步的修订和完善。

4. 教学方法探索

为了使课堂教学更加丰富、生动，提高学生的外语听力，扩展学生的知识面，各专业利用项目经费和院领导批准的教学经费，建立了专业外语视听光盘库。经努力光盘库已投入使用。内容包括科技片、故事片、记录片、系列剧、动画片等，资料选择的原则是内容健康，语言地道，配合教学内容，有助于丰富课堂内容，开展课外教学。建立光盘资料库的目的是为了满足专业教师开现代化教学的需要，因此光盘内容和语言水平的选定充分考虑到专业不同课程的需要，以及各阶段教学的需要。

目前经过一段时间的试用，证明光盘资料库为教师选用视听资料提供了方便，在开展丰富多彩的教学活动中发挥了作用，例如日本文化课每个题目都有相关的 DVD 配合，生动的教学很受学生欢迎。

通过一轮的教学，我们总结出适合我校日语专业的教学方法，并取得了良好的教学效果。今年将有第一批毕业生，现阶段有就业意向的比例很高。就教学方法的研究、改革，我们写出多篇研究论文，提出零起点日语专业的教学方法，具体结论如下：

(1)课堂教学：

端正专业学习思想

灵活处理运用教材

借助英语语音知识，达到学会日语语音之目的

以句型操练为中心，语音、语法、词汇教学相结合

注重教学艺术，启发学生对学习日语的兴趣

创造性思维的培养

贴近社会实际开展实践教学

以第二课堂营造日语环境

(2)应试教学：

建立不同类型的试题库

总结考试技巧，写出了相关论文

(3)第二课堂教学：

日语专业除学校规定的教学实践活动外，专业实践教学环节主要包括课堂实践教学、课程实习(写作实习、翻译实习)和毕业实习，训练学生综合运用外语的能力。此外要求学生通过作业、观看录像、借阅图书、参加日语俱乐部、日语角、演讲比赛等活动进行课外实践活动。

课堂语言实践的目的是提高学生实际运用语言的能力，包括在教师指导下的语言技能实践活动和学生的自主学习。

课程实习则是要求学生围绕课程内容撰写论文、读书报告或进行翻译实践，以加深学生对所学内容的理解和掌握，并为毕业论文打基础。

此外，根据专业的办学特色，多年来坚持实践教学与课外语言实践活动相结合的原则，以专业学生为主体，在全校范围内举办外语口语比赛、外语知识比赛、讲座、外语小品比赛、外语卡拉 OK 比赛、电影配音比赛等活动。

5. 日语专业毕业教学的实施与管理

毕业教学是大学本科教育中不可缺少的环节，它不仅给学生提供了理论联系实际的机

会，而且通过与社会的接触使学生在实际能力方面得到锻炼。因此，从某种意义上说毕业教学是学生从教室走向社会的桥梁，对于专业人才的培养起着十分重要的作用。

我校日语专业毕业教学主要包括毕业实习与毕业论文写作及答辩两部分。

毕业实习是实践教学的重要环节，学生通过参加与本专业有关的工作实践和社会实践将语言知识和技能与实际工作相结合，提高了他们运用外语的能力和独立分析问题、解决问题的能力，丰富了实际工作经验，实习单位反映良好。日语专业毕业实习均制定了严格的要求和管理措施，实习后有总结。

毕业论文在执行学校有关规定的基础上，制定出本专业的具体实施办法和要求，并严格执行。

（三）实施效果及评价

（1）多媒体课件。《日本文化》是日语专业学生专业阶段的一门选修课。它的目的是尽可能使学生深入了解日本的地理、历史、民族、文化、风俗等背景知识，涉及内容广泛。为了在短时间内使课堂教学生动、紧凑，又能给学生留下深刻印象，我们编写制作此课程的多媒体课件。

课件的特点：内容丰富多彩；形式活泼新颖，图文并茂，激发了学生的浓厚兴趣。对教材内容进行多角度演示，配以图片、图表、数据、文字帮助。内容直观、形象，形式多样，使学生对教学重点印象深刻。受到学生好评，取得良好的教学效果。

（2）经过几年的研究和探索，完成了 2002、2007 年两次人才培养方案的过渡，进行了教学内容的整合，使专业课程内容更加饱满，更符合因材施教的原则。

（3）教材和习题集的应用。在实际使用中学生反映良好，应试通过率较理想。

（4）总结出适合我校日语专业的教学方法，在实际教学中并取得了良好的教学效果，学生的日语综合能力不断提高。

三、研究的创新点

本专业系列课程教学改革综合研究的特色在于：

（1）按照大纲，保证人才培养质量：《日语专业大纲》规定 21 世纪高等日语人才的培养目标和规格："这些人才应具有扎实的基本功，宽广的知识面，一定的相关专业知识，较强的能力和较高的素质。"我们认为我校日语专业要达到《大纲》对人才培养的要求，首先在整合专业基础课程体系和教学内容、优化专业课程理论和实践教学体系、改革教学法与手段上下工夫，同时还要研究提高学生综合素质的教育方法和途径上下工夫，以保证人才培养质量。

（2）日语专业教学方法改革的探索与实践关键在于教研室建设：教研室不断组织探索教学方法，提高教学质量一直是教研室工作的中心，其中教师队伍的建设是保证教学质量的基础，为此，教研室采取一系列措施，包括教学研讨与交流、课程总结、学术讲座，科研活动等。有长远规划。师资队伍不仅在数量上要有保证，而且鼓励教师攻读博士学位。近年来主持了多项教学改革研究项目，发表了数十篇论文，出版了多部学习用书，使教学改革不断深化，专业建设成绩突出。

（3）课堂教学与课外实践相结合：根据专业的办学特色，多年来坚持课堂教学与课外语言实践活动相结合的原则，以专业学生为主体，在全校范围内举办外语口语比赛、外语知识比赛、讲座、外语小品比赛、外语卡拉 OK 比赛、电影配音比赛等活动。

四、我校日语专业取得的成绩

日语专业 02 级国际日语 2 级(专业四级)一次性通过率达 92%，03 级达 85%，04 级达 85%，05 级达 90%。毕业时累计通过率几乎达到 100%。全部学生可以拿到学位。教师教学质量评价都在 90 分以上，有多名教师、多门课程获学校教学优秀奖。学生参加国际交流基金举办的北京市口语、朗读竞赛多名学生获奖。《日语专业系列课程建设研究》获 04 年教学成果三等奖。教师不断进行教学内容、教学方法研究，发表论文、著作多部。

五、后续研究及成果

在此项目的基础上，结合学校对 02 版人才培养方案修订的要求，不断完善课程设置，完成了 07 版人才培养方案，进一步进行教学方法、教学手段、教学内容的改革进行研究实践，又出版了多部一些具有较高水平的著作和论文。具体如下：

(1)日常生活中的中日歉意表现模式差异研究，《日语教育与研究》，吉林教育出版社，2006 年 1 月第一版

(2)《生活日语疯狂口语——吃喝穿戴篇》，中国宇航出版社，2007.1

(3)《日语 3.4 级词汇手册》(速记)，经济时代出版社，2006.12

(4)《生活日语疯狂口语——旅游娱乐篇》，中国宇航出版社，2007.1

(5)《生活日语疯狂口语——日常生活篇》，中国宇航出版社，2007.1

(6)《生活日语疯狂口语——喜怒哀乐篇》，中国宇航出版社，2007.1

(7)《走进日语能力考试现场 – 听力问题详解与归纳 3.4 级》中国宇航出版社，2007.1

(8)《走进日语能力考试现场 – 读解全真模拟与解析 3.4 级》中国宇航出版社，2007.1

(9)《走进日语能力考试现场 – 全真模拟试题 3.4 级》中国宇航出版社，2007.1

(10)浅谈日语词汇教授法，北京林业大学学报社会科学版 2007 年增

(11)日常生活における詫び行為に関する日中韓対照研究 – 受け手調査より得られた言語表現についての評価を中心に –，『日本学研究』第 15 期 北京日本学研究中心編 学苑出版社，2005.10

(12)中日表达歉意时非语言行为对比研究，《日语学习与研究》(核心)05 年第 4 期(总第 123 期) 对外经济贸易大学

(13)从语言表现模式探讨中日歉意行为差异，《吉林公安高等专科学校学报》05 年第 5 期

(14)「社会における謝罪行為に関する日中韓対照研究 – 重大事件に関する新聞記事の分析」，『大阪大学言語文化学』(国外)第 15 号 大阪大学言語文化学会，2006.3

(15)「お詫び表現における日中対照研究」，《东方文化论丛Ⅳ – 中日语言翻译与跨文化交际》第 4 期 世界知识出版社，2006.8

(16)「日常生活の詫びの場面における日中韓非言語行為 – 話し手側調査を中心に –」，『言語と文化の展望』(国外)日本英宝社出版，2007.3

(17)如何分辩使用自动词和他动词，《高校外语教学与研究(一)》，2006.4

六、对我校日语专业教学法改革的措施

通过教学实践和研究，全面总结了我校日语专业教学方法改革的情况。随着教学观念的改变和教师素质的提高，在教学方法与手段的运用方面也发生了变化，从而促进了教学质量的提高。同时也应当看到，我们刚刚走出改革的第一步，如何巩固改革成果，并将这一改革进一步推向深入，是我们面临的新的课题。根据本项目的调查与研究，我们提出以下改革措施。

（一）建立本专业教学法指导体系，将教学法改革纳入日常教学工作中

本项目的研究表明，我校日语专业在改善教学方法、提高教学质量方面已经取得了一定的成果，并积累了大量经验，我们认为下一步的改革应以此为基础，建立起以本专业教学特点为依据的，可以对各门课程教学进行指导的体系。这一教学法体系的建立不仅有利于充分发挥教师在教学法应用中的积极作用，也有利于将教学法改革的研究与实践纳入日常教学工作中。

要有目的、有计划地组织教研活动，加强对青年教师的指导，促进教师与学生的沟通，定期了解并及时向教师传达学生意见，督促教师不断改进教学方法，并通过总结、交流等形式收集、推广在教学法运用中的经验和范例。不断提高教师业务能力和素质的提高。

（二）正确认识教学方法在本专业教学中的位置

外语教学是一个多维的系统工程，能否获得令人满意的教学效果不仅取决于方法，而且与教学环境、语言环境以及学习者本身的各种因素有关。这一点应当成为教学研究活动的一项重要内容，应当使教师对于教学法的使用及其有效性的认识逐步趋向于客观与理性。过于重视教学手段的使用而不考虑具体的教学环境，容易使教师只看重教学方法而轻视教学过程和内容，以为只要有了正确的方法，教学就会有良好的效果，其他因素则不是主要的。这意味着将语言学习置于方法控制之下，而不是以学习为出发点，以至削弱语言学习的效果。

根据我校日语专业的教学特点，在教学中应当使用何种教学方法，应该做到以下几方面：

（1）教学能否激发学生的学习热情和兴趣，使他们愿意学，并自觉地担负起学习的责任。对于日语专业的学生来说，虽然有比较明确的远期目标，即毕业后能够运用日语作为继续发展的工具，但其学习的持久性离不开日常教学所产生的推动力，而适当的教学方法则有助于这一动力的产生，其中包括课堂活动的设计与组织是否符合教学的规律和学生的心理需求，是否能够提供丰富的课堂内容，特别是增加具有时代感、贴近现实生活的教学内容，是否能够采取灵活多样的教学手段。创造生动活泼的课堂气氛，是否能够掌握不同课程的特点，根据学生的需要有针对性地展开教学。

（2）教学能否有效地促进专业学习，其中涉及各项语言技能的提高，扎实的语言基础，专业知识的掌握，以及各项能力的提高。教学方式因教学阶段和课程差异而不同，基础课以开展语言技能性活动为主，重在打好语言基础，专业课侧重综合能力的提高，扩大知识面，培养独立解决问题的能力。应加强单项技能课程之间以及它们与综合技能课程之间的联系和协调，在教学活动的设置上既有侧重，又相互补充，形成一个有机的整体。技能型课程多开展以任务为中心的、形式多样的教学活动，知识型课程宜采用启发式、讨论式、发现式和研究式的教学方法。无论哪一种课程，都应遵守以下原则：提高教学效率，根据学生的学习特

点，运用互动式的教学方式，给学生创造有利于发现问题、解决问题和独立思考的机会和语言实践的机会；加强教学的针对性，授课要做到重点突出，逻辑性强，具有启发性和一定的深度；适当调节课程进度，重点解决学生在学习中的疑难点和在自学中不能解决的问题；根据具体教学的需要充分利用电化教学与多媒体教学手段。

（3）能否使学生积极参与教学，提高运用日语进行课内外交流的意识和能力。在受传统教育思想的影响的在课堂上，学生往往是知识的被动接受者，他们习惯于听教师讲课，记笔记，缺乏主动提问或参与讨论的意识和勇气，这往往成为互动式教学的障碍。好的教学方法的实施不能脱离特定的文化背景和学生的实际。零起点日语教学的特点是，教授对象是已学过英语的学生。他们在课堂上总是用英语的眼光审视着日语，喜欢把日语与英语相对照，相比较，喜欢用英语的表达方式去简单套用日语。我们在教学过程中，因势利导充分重视和利用学生已学过一门外语的优势，同时向学生交待学习日语的特殊规律，使学生抓住学习日语的要领，在知其然的基础上，进而知其所以然，收到预期的学习效果。教师掌握了科学的教学方法，只能说是解决了对教学过程的科学认识问题，要把教学理论用之于实践，还必须掌握教学艺术。新生需要教师更多的"扶持"，他们所需要的不仅是语言上的帮助，更需要心理上的支持，需要教师的理解和轻松愉快的课堂气氛，使他们逐步树立信心。

（三）将教学方法的改革置于教学的整体改革之中

无论哪一个学科的教学，教学质量的提高都离不开整体教学的发展，教学方法的改革只是其中的一个组成部分，此外还涉及课程体系、课程设置、教学内容、教材编写、测试、人才培养模式等方面的改革，没有以上各方面的改革和调整，方法的改革或改进所起的作用也只能是局部的、有限的。当前我校日语专业是个新专业，在课程体系和课程设置方面有待进一步建设和完善，教材与教学内容的更新还需要进一步加强。另一方面是测试内容和方法的改革。教学方法与内容决定了测试的方法与内容，只有将这两方面统一起来才能使测试具有可靠的信度。反过来。测试作为外语教学的组成部分，不仅是检验教学效果的工具，而且影响着学习者对教学内容的重视程度以及对教学的态度，进而影响到教学效果。从这个角度来看，仅仅强调教学方法的改革是不够的，还要对测试内容和手段进行改革，才能使测试真正起到为教学服务的作用。要求教学内容和方法与测试内容和方法应当统一起来。

（四）重视教师理论素质的提高和教学观念的转变

教师在教学改革中起着关键的作用，要培养高素质的人才，首先要有高素质的教师，否则，教学改革只能是一句空话。具体到教学方法的改革，教师更是起着不可替代的作用，如果教师不能有效地组织教学活动，即使是效果再好的活动也无法起作用。师资质量直接影响到教学的各个环节。因此，要恰当地使用各种教学方法，使其充分发挥作用，首先教师应当具有一定的语言学、应用语言学和教学法理论知识，了解主要教学方法的理论根据、教学原则以及具体的方法和手段，并通过实践提高教学能力。为达到这一目的，一方面应加强师资培训，为教师的进修创造条件，使教师在外语水平、理论水平、业务素质等方面得到提高，同时，教师本身应抓紧时间，积极钻研业务，通过自学不断充实自己，以适应教育改革新形势的需要。

教师素质的提高需要教师本身的努力，也需要一定的环境和机制加以促进和鼓励，在教师当中形成学习和创新的风气，使钻研教学体现在每个教师的工作中。以讲座、阅读、讨论和观摩等形式，有计划地组织教师进行学习，系统提高理论水平。认真研究教学中的问题，特别是如何在教学实践中妥善处理传授知识、培养能力和提高素质的关系，如何处理好教与学的关系等，把理论与实践结合起来，减少随意性和盲目性，并将研究成果转化为教学质量的提高。

（五）进一步完善多媒体教学体系

在本项目的执行过程中，完成了《日本文化》课程多媒体课件的制作，并在课堂教学的使用中获得了良好的效果。但从总的情况来看，目前日语专业多媒体教学仍处于初步发展阶段，尚未形成规模，而且形式比较单一，主要是任课教师的个人行为，缺乏系统性和完整性。为了提高日语专业教学的质量和效率，逐步建立一套完整的多媒体教学体系。

本课题历时两年，通过课题组全体成员的共同努力，终于告一段落，但这并非意味着我们的研究工作也到此结束。该报告介绍了我们所做的主要工作及研究成果，通过这个项目，我们对日语专业的教学法改革提出了初步的改革措施，希望能够为继续将改革推向深入提供有价值的参考。同时，由于题目比较大，时间紧，有些方面的研究还不够深入，这也给我们留下了进一步研究的新的课题。

模拟法庭案例教学模式探索

2007 年校级教学成果一等奖

主要完成人：徐平、李媛辉、杨帆

　　法学实验教学方法与手段的改革，是近年来法学高等教育教学改革的核心，是一项综合性、系统性极强，且涉及面很广的改革，其本质是人才培养模式的改革。因此，从理论和实践上研究此方面的问题，对于我国法学高等教育的健康发展有着重要的理论和现实意义。

　　根据我国 21 世纪社会发展、法制建设的需要，结合法学本科教育的要求，本课题组经过二、三年的课堂教学实践和理论研究，从法学教育发展趋势、法制建设的需要，学生素质的提高等方面，充分研讨法学教育中模拟法庭作为法学实验课的现状，及其改革目标、改革内容等，并利用课题组成员均为法学本科教学的一线教师这个条件，在课堂上大胆尝试，提出了一套符合法学教育目标，行之有效的模拟法庭实验课程的教学方法，研究成果出来后又经过了两年的实践验证，取得了很好的效果。从我校学生作为助理直接参与北京市海淀区法院工作情况看，这些从模拟法庭课堂中经过锻炼并脱颖而出的学生都具有极强的实务操作能力。另外我系的法律援助中心也给本科生提供了真实的出庭机会，展示了经过模拟法庭培训的学生的庭辩能力。

一、项目总体执行情况

　　法学是一门实践性很强的学科。法学教育的目的不仅在于传授知识，还在于对受教育者进行职业训练。法学教育培养的人才，既要有扎实的理论基础，还要有相关的实践操作能力。长期以来，我国的法学教育片面强调知识的灌输，忽略了职业训练，致使毕业生不能很快适应实际工作，因此如何提高法学人才的实践操作能力，在法学教育中如何加强实践教学，是当前法学教育和法学教学工作所面临的重大课题。为了培养学生具备法律职业者应有的素质和能力，法学专业开展了模拟法庭教学，以弥补现行法学教育实践能力训练和培养的不足。

(一) 课题的主要内容

第一，创建模拟法庭实验课的教学方式

　　(1) 制订 (模拟法庭) 法学实验课报告的格式。过去文科实验的实验报告书都是模仿理工科的实验报告，非常不适用，不能很好地反应文科实验的特点。通过研究，我们设计了模拟法庭实验课策划书，并在两届学生中使用，使用后征求大家意见，进行修订，最后形成了一个比较满意的版本，并已在所有法学实验课程中推广使用。目前各校模拟法庭教学中实验报告书缺乏规范性，这个文本经过一段时间的使用可望得到推广。

　　(2) 确定了选择实验案例的标准：注重时效性，可辨性，争点的广泛性。

　　(3) 探索学生参与的模式，比如自选案例型与教师指定型相结合，真实案例与教学案例相结合。

（4）探索了教师在实验课指导中特有的教学方法：演示前的分角色指导和演示中的点评指导方式。

第二，收集整理实验课所使用的案例：

（1）文本资料。

（2）视频资料。包括学生演示幻灯和学生课堂实验的录像。

将上述资料整理成为未来的教学资料片存于模拟法庭，供学生观摩学习用。

第三，问卷调查和个别访谈：

（1）与学生交流实验课程的方法，提高和完善模拟法庭的教学模式。

（2）进行问卷调查并撰写问卷调查分析报告2篇，其中一篇已经正式发表。

（二）课题实施的意义

"模拟法庭"实验课是教师组织学生对诉讼的中心环：开庭审理进行模拟实践的一种实践性教学形式，即在模拟法庭审判的全过程，通过角色投人，实践庭审中的各项工作，以提高学生的操作能力。法学专业学生需要掌握司法实践能力，即学生要学会针对案件事实，运用法律知识，进行法律分析，适用法律条文，提出司法建议或参与法律诉讼等综合能力。具体包括逻辑思维能力、交流能力、谈判能力、诉讼能力、调研能力和随机应变能力等。逻辑思维能力是指能识别和系统地阐明法律问题，灵活运用有关的法律理论，进行法律分析和推理，用法律理论来解决法律问题的能力。交流能力是指通过语言或者文字与他人或社会交换法律信息，表达法律意见的能力，包括口头表达能力和文字表达能力。法学专业学生应当能使用有效的交流手段，评价交流对象的观点，为当事人提供咨询和建议，确定和执行当事人的决定。谈判能力是指在解决争议或进行交流的谈判过程中，能言善辩，最终达到满足当事人要求的能力。诉讼能力是指在法律诉讼过程中，熟悉诉讼程序的规则，善于运用诉讼技巧，巧妙应对诉讼或主动参与诉讼的能力。调研能力是指在调查案件事实的过程中，能够策划事实调查，执行调查策略，确定事实真相，以及对已获取的信息进行分析的能力。随机应变能力是一种综合的实践能力，它体现了法学专业学生的综合素质，是一种重要的实践能力。组织学生参加模拟法庭教学活动，除了能有效地培养学生的实践能力，还具有多种功能。

首先，开展模拟法庭实践教学活动具有法律职业伦理教育功能。法庭调查、法庭辩论、法庭调解、宣判等环节可以提高法学学生的法律职业道德素质与职业责任心，使学生在受教育阶段就牢固对立权利和义务的观念、民主和法制观念、公正与效率观念、理性与宽容观念，并在今后的司法、执法和其他法律工作中实践这些观念和精神。

其次，开展模拟法庭实践教学活动可以增强法学学生对法律在社会中的功能的正确认识，为形成法律职业信仰和素养打下牢固的基础。通过融入整个模拟法庭实践过程，同学们可以切身感受到法律规范对社会生活的调整，对人们的行为的指引、预测、评价。特别是对被告大违反诚信原则的行为的否定性评价以及对原告合法权益的保护，使学生深刻地认识到法律的公正性、正义性和强制性。有利于培养和提高同学们的法律意识，使他们树立起法律使命感，并在将来的法律工作中肩负起"对法律负责、对证据和事实负责、对程序负责"的使命。

再次，模拟法庭实践教学活动对法学学生几年的专业学习和教学实习成果是一次综合性的考察。模拟法庭就像一块"试金石"，可以测试出高年级法科学生几年的专业学习取得的成果，并为学生指明今后应努力的方向。

二、创新点分析

本项目在实施过程中，提出了文科实验课模拟法庭的教学理念，并建设了符合教育目的的文科学生实验课的一套完整的课堂教学文件，探索出特有的教学方法。主要创新之处在于，出了文科实验课程有别于理工科实验课的特有思路，并进行了教学方法的探索。文科的实验并非只是对某个原理的再现和论证，更多的是将书本理论还原为生活中的事件，然后模拟出解决问题的途径，所以思路必须不同于理工科实验。这种理念体现在如下方面：

首先，实验的素材来源于社会实践，案例的选择要保证鲜活性、时效性，并且在实验中发现法律本身是否有缺陷，如何解决和弥补；

其次，实验的过程是实验者通过策划书自我拟订的，以此培养学生提出问题的能力；

第三，实验过程中教师的指导是针对学生的实验活动不断介入，对于教师的知识准备要求很高；

第四，在实验中使用部分真实案例，将学生实验的结果与真实法院判决加以比较，发现问题。

第五，将实验课本身的资料收集起来作为下届学生的教学资料。

模拟法庭实践教学能培养和锻炼法学学生较全面的司法实践能力。每一个法律实务中的具体案件都会既涉及实体法，又涉及诉讼法，缺一不可。平时学生在各部门法的学习中所学到的知识点或进行的案例讨论一般都相对孤立地的限制在该部门法的内容之内，学生很难将实体法内容与诉讼法内容结合起来，使法学知识系统化。通过模拟法庭实践教学，学生以亲身角色投入，实践开展庭审中的各项工作，既要运用实体法知识，也要运用诉讼法知识，这样，就能使学生逐渐学会系统地运用所学知识。在模拟法庭实践活动中，学生们分成法官组、原告组、被告组、第三人组、证人组、书记员组，对案件的证据和事实以及法律适用进行集体准备及分析和讨论，能培养和提高学生的团结、合作精神以及对复杂事物的观察和分析能力；法庭调查阶段，能培养和提高学生的举证、质证能力，尤其是法官组学生的认证能力；法庭辩论阶段的对抗性，能促使学生必须克服紧张情绪，并能培养和提高学生的准确、严密的逻辑思维能力和敏捷的思辨能力，还能培养和提高学生的准确的口头和书面表达能力；庭审中的调解，能培养和提高学生与对手的协调和谈判能力；制作代理词、判决书等法律文书的工作，全面的体现了学生对该案件的宏观把握和对相关法律知识的系统的应用能力；开庭之后专家和老师的点评能使学生明白自己的长处和短处，明白自己今后努力的方向。模拟法庭实践教学对于培养和提高学生的实践能力和综合素质发挥着极其重要的作用。

三、项目实施及其效果

（一）研究与建设

项目组成员严格对照项目任务书完成了对模拟法庭模式的教学改革活动规划，通过几轮学生的实践，不断总结经验，调整教学方式方法，有力地促进了法学实验课程的改革。主要进行了如下改革：

（1）课堂程序：在短短的两节课当中要严格按照法庭程序走一个案件的审理过程，时间上很紧张。因此尝试改变方法，对于案件复杂的就仅仅进行实质辩论，加强对于责任、义务的厘定，定罪量刑的实质探讨。对于案情简单的则全程演示诉讼过程。

（2）课堂指导内容：教师的点评是集中在案件争点上还是学生的辩论技巧上这一点要教师根据情况来灵活把握。

（3）学生组成法庭的方式：自由结合还是教师指定。自由结合的方式可以使得团队配合更加出色。教师指定能够培养学生的合作精神。两者各有优势，所以可在教学中结合使用。

（4）改进实验报告书：过去文科实验的实验报告书都是模仿理工科的实验报告，非常不适用。不能很好地反应文科实验的特点。通过研究，我们设计了模拟法庭实验课策划书，并在两届学生中使用，使用后征求大家意见，进行修订，最后形成了一个比较满意的版本，准备在所有法学实验课程中使用。

（二）实施效果和评价

除了学生单独面谈了解实验课效果和学习情况外，本项目组还进行了两次全面的问卷调查。收回问卷，并对问卷进行分析，发表相关论文一篇。还在中国法学会法学教育分会的法学教学研讨会上进行交流，并获得同行的肯定。

本项目完全是结合课堂教学实践开展的。在模拟法庭教学中项目组成员一边实验、一边探索、一边改进，取得了很好的教学效果。学生通过实验课不仅加深了对法学理论知识的理解，还切实提高了法律实务能力。在法学系所开的实验课中都逐步使用这些教学方法。

从学生能力的提高方面也取得了很大成就。

（1）从我校派驻海淀法院刑一庭和东升法庭的实习生的情况看，指导学生的法官们都认为我们的学生经历过模拟法庭的训练具有较强的实务操作能力。

（2）我系设立有法律援助中心，高年级学生在模拟法庭中脱颖而出的杰出者有机会在诊所获得真正的出庭机会。从办案的效果看，模拟法庭的教学是成功的。

朗乡林区综合实习方案的研究

2007 年校级教学成果一等奖

主要完成人：牛树奎、刘艳红、贺伟、武三安、路端正

一、项目背景

林学专业一直是我国林业院校专业设置中最具林业特色的专业。

北京林业大学对林学专业的发展十分重视，为加强林学专业的实践教学，在 1989 年，与小兴安岭林区朗乡林业局合作，建立了"北京林业大学朗乡教学实验林场"。十多年来，一直坚持林学专业学生去东北林区综合实习，从没有间断。主要目的是：让学生把在课堂上学习的理论与林区实践相结合，到原始森林里进行调查研究，体验林区生活，了解我国典型林区的气候、资源、经济发展以及生活现状，激发学生热爱林业、服务社会的激情，取得了显著的教学效果。

但是，由于林场条件艰苦，住宿和饮食的条件较差，实习基地建设有待加强，实习的手段、研究方法落后，有待系统充实和完善。2004 年开始，北京林业大学批准了"朗乡林区综合实习方案"教学改革项目的立项。在本项目的研究中，我们对以往的实习过程进行了认真地总结，系统研究实习内容，对不同课程和内容进行整合和规范，目的是使朗乡林区综合实习课程"生态环境综合考察"的内容得到完善，实习教学水平得到提高。

二、项目研究概述

1. 研究对象和目标

研究对象：以林学专业的实习课程《生态环境综合考察》为平台，研究林学专业在林场的整个实习过程和教学体系。

研究目标：建立较为完整的朗乡综合实习基地基础资料和生态环境综合实习的方案，优化实习的教学方法和手段，充分利用林场已有的条件和设备，使学生在实习过程中，能够熟悉和了解原始林区的资源状况，熟练地应用最新技术和最新的方法进行科学研究，提高学生专业综合素质以及独立从事科研和专业设计的能力。

2. 研究内容

（1）朗乡实习基地基础资料研究：①朗乡林业局的地质、地貌和社会经济等基本情况；②朗乡林业局植物资源情况，包括植物名录、植物检索表；③朗乡林业局森林类型调查及生物多样性状况；④朗乡林业局病虫害发生状况；⑤朗乡林业局森林防火状况。

（2）朗乡实习的教学方法研究：①植物识别和植物资源调查方法研究；②森林生态学调查方法规范化研究；③森林经营技术的改进研究；④林火生态调查方法研究；⑤林火管理方

案的研究；⑥森林病虫害的识别与调查方法的研究。

（3）教学内容和考核方式的研究。

3. 具体措施

（1）教学实习内容的拓宽。着重培养学生的专业技能和综合素质。由原来仅限于群落结构调查拓展为种群水平、群落水平和生态系统水平上的调查，如林木更新的调查、种群空间分布格局，生态系统环境及其结构的关系等。组织学生对林场和林业局的林业生产的各个环节进行了参观，开阔了学生的视野，增加了学生学好林学专业的信心和决心。

（2）研究方法趋于多样化和规范化。原来群落结构的调查通常利用样方法，逐步增加了样圆、点法、样线、面法等。同时要求学生能够对不同方法调查所得出的数据进行分析、对比、评价。启迪学生为达到研究的目标，思考合理的研究方法，并鼓励创造性思维。

（3）应用新技术改进实习手段。过去进行线路调查时采用海拔仪和步数器的测定方法，已由 GPS 定位系统所取代；指导学生利用电脑进行调查数据的处理，提高了学生专业素质和科学研究的能力。

（4）增加了有林区特色的食用菌资源(如木耳等)栽培和管理的内容。通过参观林内木耳栽培基地和温室蘑菇栽培基地，使同学对在林区充分利用食用菌资源的途径和方法有所了解，激发了对后续课程"食用菌栽培"的兴趣。

（5）与朗乡林业局森林病虫害防治检疫站联系，相互配合，共同为学生提供指导，与同学一起调查和识别森林病虫害，听取同学小组交流汇报情况，使同学认识到森林保护工作的重要性和复杂性。

由于当地专业人员对林业局和林场实际工作的了解，使得教学实习更有针对性和实效性。同时，还带领学生还参与一些当地的重要病虫害进行了调查，为解决生产实际问题出谋划策。

（6）增加了生态环境对病虫害发生影响的调查内容。加深了学生对病虫害的发生与环境之间相互作用关系实质的认识。将原始森林与人工林的病虫害进行对比研究，找出人工林发生病虫害的原因。

（7）教学实习的考核，采用实习小组集体撰写实习调查报告，个人完成一篇论文的方式。重点培养学生的协作精神和独立思考的能力。

4. 实习条件建设

1989 年，北京林业大学和朗乡林业局商定，在东折棱河森林经营所共建一个供学生实习和科研的实验林场，定名为"北京林业大学朗乡教学实验林场"。2004 年起，该实习基地已经被批准为省级原麝自然保护区。20 年来，在双方的共同努力下，建设可供学生教学实习和科学研究的基地。北京林业大学分阶段投入了 36 万元资金，逐步完善了林场的各方面的实习设施，为本项目的实施创造了条件。

北京林业大学朗乡实验林场所做的工作有以下几个方面：

（1）维修学生和教师宿舍 330m^2，有 14 个房间，备品库房 2 间，住宿房间配设有线电视、备品柜等，可容纳 120 人同时住宿。

（2）维修和扩建食堂 170m^2，能容纳 120 人同时进餐。

（3）铺建了 1200m^2 的蓝、排球运动场，供学生体育锻炼和开展文体活动之用。

（4）改建洗浴室 150m^2，解决了学生的洗澡问题。

（5）配有饮用开水锅炉房 $90m^2$；可连续提供开水。

（6）修建公共卫生间一个。

（7）林场技术员担任学生实习过程中的实践指导教师。

（8）承担学生实习中的用车、参观指导、现场讲解、火车票预订等多项工作，保障了学生实习的顺利进行。

林学院的工作主要表现在几个方面：

（1）教学实习指导教师队伍的建设。基本上形成了多门课程综合安排，教授带队，副教授和讲师参加的教学实习教师队伍，聘请生物科学与技术学院的植物学分类教师参加实习，重点指导植物种类的识别。同时，加强了青年教师的实践能力的培养，以保证教学实习水平的持续提高。

（2）教学实习地点教学设施的逐步改善。北京林业大学逐年加大教学实习林场投入，用于教学实习条件建设，使学生的住宿、食堂和卫生条件都有了显著的改善。

（3）为学生实习中采用高新技术手段提供支持。在生态学科的"振兴行动计划"经费中购买笔记本电脑三台；购买对讲机四台，用于在森林调查中的通讯联系；实习中每个小组配备GPS 一台，用于调查时标准地和样方的精确定位。

（4）实习经费的支持。

三、项目实施的效果

通过本项目的研究，对"生态环境综合考察"的实习内容、研究方法、考核方式、实习手段等多个方面进行了改进和创新。五年来的应用，教学效果十分明显，学生在实习中得到了锻炼，各方面的专业素质得到了很大的提高。主要体现在学生专业素质培养、教学指导书的编写、论文发表等方面。

1. 项目在学生专业素质培养中的成果

通过东北林区朗乡林业局的"生态环境综合实习"课程，学生在林业生产的各个环节上得到了锻炼，各方面的专业素质得到了很大的提高，主要表现在：

（1）学生的专业素质和团结协作能力得到加强。我们要求学生以实习小组为单位，开展调查和研究工作，共同完成实习的各项任务，培养了学生的协作精神。

（2）学生撰写科技论文的能力明显提高。在实习过程中，要求学生在完成实习任务的基础上，自选题目，自己整理数据，完成一篇研究论文的写作。已经有 1 名学生的论文由老师推荐至国家级期刊发表。

（3）学生的科研能力得到了大幅度提高。实习中鼓励学生独立思考，培养自己设计实验方法和科学分析问题能力。这些为将来学生考取研究生，从事科学研究奠定了基础。

（4）加深了学生对所学专业的认识。学生在实习中真正认识了原始森林，了解了林区的实际状况，懂得了林业在生态环境保护中的作用，增强了从事林业事业的信心和勇气，许多学生表示要考取本专业的研究生，为我国的生态环境建设贡献力量。

（5）紧张的实习磨练了意志，懂得了生活。外业调查的辛苦，炎炎烈日和风吹雨淋，磨练了同学们的意志。艰苦的生活条件和林区群众的朴实无华，加深了学生对生活的理解，不少同学能主动为当地群众做好事，增进了与当地群众的感情。

2. 发表的教研论文及编写的实习指导书及名录

2005 年，在全国林学专业指导委员会召开的《21 世纪林学专业本科人才培养研讨会》上，本项目的研究成果进行了会议交流，并发表教学改革论文一篇；编写了四本实习指导书和名录，在实习中应用，效果良好。具体如下：

（1）牛树奎、刘艳红，北京林业大学林学专业林区综合实习的特色与效果，会议论文：林学专业教育教学改革与实践，中国林业出版社，2006。

（2）牛树奎、刘艳红、路端正，《生态环境综合考察》朗乡教学实习指导书（森林生态学、营林学、林火生态与管理部分），本校印制，2004 年 5 月。

（3）贺伟、武三安，《生态环境综合考察》朗乡教学实习指导书（森林病害、森林昆虫学部分），本校印制，2004 年 6 月。

（4）路端正、牛树奎、刘艳红，《朗乡实习林场植物名录及检索表》，本校印制，2004 年 5 月。

（5）贺伟、武三安，《朗乡教学实习林场昆虫、病害名录》，本校印制，2006

3. 学生完成的小组实习报告及个人实习论文

以实习小组为单位撰写实习报告，个人根据实习中调查的资料，自选题目撰写研究论文的方式，综合评定成绩。增加了成绩评定的客观和准确性，同时，也极大地提高了学生科学研究和撰写科技论文的能力。2004 年至 2007 年学生完成的实习报告 36 个，实习论文 334 篇，存档在北京林业大学林学院教学档案室。各年度的数量如下：

2004 年，参加实习 3 个班级（林学 01 - 1、林学 01 - 2、林学 01 - 3），共计 78 人，完成生态环境综合考察实习报告 9 个，实习论文 78 篇。

2005 年，参加实习 3 个班级（林学 02 - 1、林学 02 - 2、林学 02 - 3），共计 88 人，完成生态环境综合考察实习报告 9 个，实习论文 88 篇。

2006 年，参加实习 3 个班级（林学 03 - 1、林学 03 - 2、林学 03 - 3），共计 83 人，完成生态环境综合考察实习报告 9 个，实习论文 83 篇。

2007 年，参加实习 3 个班级（林学 04 - 1、林学 04 - 2、林学 04 - 3），共计 85 人，完成生态环境综合考察实习报告 9 个，实习论文 85 篇。

4. 学生在实习老师指导下发表的科技论文

林学专业 2001 级学生章异平，2004 年参加东北实习。实习后，在实习老师的指导下发表了科技论文：章异平、何学凯、李景文、刘艳红，自然保护区落叶松人工林物种多样性保护与经营模式，科学技术与工程，2005，5(7)：647～651。

四、项目特色及推广价值

1. 本项目研究的特色及创新点

（1）教学实习内容的拓宽，扩展了学生的专业知识面，着重培养学生的专业技能和综合能力。例如，增加了林区特色食用菌资源（如木耳等）栽培和管理；人工林的抚育间伐设计；伐木工人指导下的树木采伐；风力灭火机等森林防火机具的实际应用等。

（2）打破课程界限，调查研究方法多样化和创新。使学生在调查过程中避免了重复，提高了效率。例如，在生态学调查时可同时了解病虫害的发生状况，培养了学生综合应用专业知识的技能。要求学生能够对不同方法调查所得出的数据进行分析、对比、评价。启迪学生为达到研究的目标，思考合理的研究方法，并鼓励创造性思维。

（3）应用新技术改进实习手段。过去进行线路调查时采用海拔仪和步数器的测定方法，已由 GPS 定位系统所取代；指导学生利用电脑进行调查数据的处理，提高了学生专业素质和科学研究的能力。

（4）聘请林场技术人员和林业局森林病虫害防治检疫站专业人员为实习教师，共同指导学生实习。由于当地实习老师对林业局和林场实际工作的非常了解，使得教学实习更有针对性和实效性。教师和学生在当地技术人员的带领下参与一些当地的重要病虫害进行了调查，为解决生产实际问题出谋划策。

（5）将科学研究方法融入教学模式，指导学生对森林病虫害进行专题研究。在老师的指导下，由同学分组自选题目进行专题研究，充分发挥同学的主观能动性，在较短的时间里完成多项内容，取得大量调查数据进行统计分析，进行小组交流，互相学习，锻炼了学生独立思考和解决问题的能力。

（6）引导学生对林区资源和社会现状进行调查和了解。通过听取林业局和林场领导、专业人员对林区生产状况和森林资源状况的介绍，以及参观林区森林资源馆和林区的多种经营状况，了解林区森林资源和社会经济状况，开阔了学生的视野，增强了学生的责任感和使命感。

2. 项目的推广价值

北京林业大学教改项目"朗乡林区综合实习方案的研究"针对林学专业在我校朗乡实验林场的实习课程进行了深入研究，主要反映在实习中的研究方法、实习的考核方法、实习基地建设、拓宽学生的知识面、让学生接触林业生产的实际、体验林区基层的生活条件等诸多方面，取得了丰富的成果，完善了实习课程和实习基地的建设，使学生的专业素质和科研能力得到了全面的提高。几年的实践证明，效果十分明显。该成果注重实践特色和创新人才的培养，在相近专业实践课程中有很高推广价值。

提高计算机专业应用型本科人才程序设计能力的研究与实践

2007 年校级教学成果一等奖
主要完成人：陈志泊、张海燕、王春玲、王建新、孙俏

一、研究背景

近十几年来，随着社会对计算机专业人才需求量的增加，计算机专业发展迅速，无论是开办计算机专业的学校数还是在校学生人数在各专业中都是排名第一。但存在大多数高校教学计划基本相同，定位不明确，特色不明显，竞争优势不强的问题。教育体制的落后导致了计算机专业毕业生缺乏实际编程能力，无法适应企业的实际需要。

因此，我们在教学改革过程中必须非常重视社会需求，并且将社会需求反映到我们的教学改革规划和措施中来。课题组根据教育部高等学校计算机科学与技术专业教学指导委员会的指导精神，针对市场对计算机软件人才需求量大的实际情况，结合我校及国内同类院校的实际情况，经过多次调研和研讨，将我校计算机专业定位为应用型。而提高学生的程序设计能力、培养学生的软件设计、软件开发能力是培养高素质应用型计算机专业人才的一个关键。那么如何提高计算机专业学生的程序设计能力，为后续专业课程的学习打下坚实的基础并提高他们的就业竞争率呢？就成为我们迫切需要解决的问题。

二、现状分析

（1）专业的培养目标和定位不清晰、人才培养方案的侧重点不突出。在以往的专业建设中，由于对专业的培养目标和定位不准确（比如应用型、工程型、科学型等），从而决定了人才培养方案中对学生能力培养的侧重点不突出，同时，原有核心课程体系的设置、内容和培养方式与市场的实际需求也有一定差距，从而形成了培养的人才貌似什么都会的"万金油"，但实质上却又没有特色、就业竞争力不强的局面。

（2）没有建立一个行之有效的实践教学体系。已有的实验内容和方法在引导和培养学生编程的兴趣、软件开发的能力方面还不够到位，从而在学生中出现了"对编程厌倦，甚至害怕编程"的现象。而且实验指导书还很不健全，并且已有的实验指导书也没有真正体现实验指导书的"指导和引导"作用。整个实践教学环节也没有形成以提高学生程序能力为核心的完整实践教学体系。

（3）需要建设配套教材。由课题组相关成员编写的教材——《面向对象的程序设计语

言——C＋＋》(2002年3月由人民邮电出版社出版)和相应的教学参考书——《C＋＋语言例题 习题及实验指导》(2003年6月由人民邮电出版社出版)用于《面向对象程序设计语言》课程的教学已经5年，学生反映良好。但是随着计算机技术的飞速发展，新技术、新知识的层出不穷，需要对该教材的内容进行修改、补充和完善。同时，针对提高计算机专业应用型人才程序设计能力的培养目标，配套的相关教材也需要建设。

综上所述，目前对计算机专业的定位不清晰，人才培养的侧重点不突出，与市场对人才的需求结合不紧密，同时，现有的程序设计课程，在人才培养方案中没有形成核心的课程体系，不利于提高学生程序设计的能力。而程序设计和开发能力是计算机专业应用型人才的"看家本领"，这就要求必须紧紧围绕计算机专业应用型本科人才程序设计能力的提高这一核心问题，根据市场需求，科学合理地设计相应课程的核心知识点和具体内容与要求，针对应用型本科人才的培养目标的要求，建立起完整的、分层次的以提高综合程序设计能力为核心的实验教学架构，这不仅为后续专业课的学习打下坚实的基础，而且对学生走向社会、提高就业竞争力方面具有重要的意义。

三、改革思路

本课题结合教育部高等学校计算机科学与技术专业教学指导委员会的指导精神，以社会需求为导向，立足于计算机专业应用型人才的培养，以提高学生的实际程序设计能力为主要宗旨，进一步明确专业的定位和培养目标，并建立以程序设计能力培养为核心能力素质的人才培养目标和课程体系，提高学生的就业竞争力。项目的改革思路如下：

(1)通过调研，了解市场对计算机专业应用型人才的素质要求，尤其是在程序能力和软件开发能力方面的要求。

(2)根据调研结果，确定计算机专业应用型人才的培养目标、特色和要求，探索能够提高计算机专业应用型人才程序设计能力的方案，在此基础上确定科学、完整的程序设计课程体系和人才培养方案，围绕程序设计能力，确定各课程的核心知识点，制定各课程的教学大纲。

(3)围绕专业的培养目标，配合教学大纲的具体要求，丰富实验和实习的内容，形成比较完善的实践教学体系。

(4)探索适合程序设计类各课程的教学方法、教学手段等。

(5)围绕改革的内容和要求，进一步加强教材建设，物化改革成果。

(6)开展丰富多样的第二课堂活动，激发学生的编程兴趣，锻炼和提高学生的实践动手能力。

(7)对改革设想和措施进行实践运用，通过运用进行调整。

四、改革措施

1. 充分调研，确定计算机专业应用型人才培养方案和课程体系

(1)充分调研市场对应用型人才的能力素质需求，确定专业培养目标。紧紧围绕教育部高等学校计算机科学与技术专业教学指导委员会的指导精神，针对计算机专业应用型人才的培养，充分调研市场上软件开发的两大主流平台和技术，进一步明确专业的培养目标、定位

和能力要求，并确定通过两条编程主线对学生进行软件设计能力培养的方案。

（2）了解市场和同类院校的基本情况，为改革提供依据和参照。在校内，我们不仅在课题组成员内部围绕课题的相关工作展开积极的研讨，同时也广泛征求了本专业其他老师，尤其是一些相关的后续课程的任课教师对程序设计类课程的需求、意见和建议。了解每门课程的应用和对程序设计要求的内容、重点和难点。

在校外，通过与本课程相关老师的走访（讨论）、网上资料的搜索等方式，对与我校情况类似的北京各大高校计算机专业进行了充分调研，主要包括北方交通大学、中国地质大学、中国农业大学、北京科技大学、北京航空航天大学、北京理工大学等程序设计语言课程的教学大纲、教学内容、教材、实验指导、教学方法与手段、实验条件等。

（3）根据市场需求，科学合理地设计相应课程的核心知识点和具体内容与要求。围绕程序设计能力的提高，根据市场需求，科学合理地设计相应课程的核心知识点和具体内容与要求，从而确立相应的教学大纲。

在知识点的取舍上，坚持了以下几个主要原则：一是要符合计算机专业应用型人才的培养目标、特色和要求，二是要紧密结合 IT 时代要求和市场需求，全面贯彻研究初期提出的两条编程主线的思想；三是各个课程侧重点相互补充，课程间有很好的衔接性和延续性，并注重提高学生的编程能力。这样，既课程核心内容既重视了传统内容，又兼顾了市场方面的需求，也为后续课程奠定了良好的基础，从而形成了以提高学生程序设计能力的核心课程体系。

2. 加强实践教学的研究，构建科学合理的实践教学体系

以提高程序设计能力为核心，建立与健全程序设计类课程的实验指导书和实验教学方法，建立完整的、分层次的程序设计系列课实验教学架构——基础实验技能培养＋应用性、综合性实验技能培养＋研究性实验技术培养三阶段的体系。紧密结合第二课堂，形成以课内实验为基础、各种形式的第二课堂为补充的实践教学体系。

3. 加强教材建设

根据教材《面向对象的程序设计语言——C＋＋》在《面向对象程序设计语言》课程中的使用效果和学生的反馈情况，对该教材进行修订，力求讲透面向对象的编程思想、方法和技术，便于教师教授和学生学习。修订后的教材《面向对象的程序设计语言——C＋＋（第二版）》进一步完善和扩充了 C＋＋语言的基础部分和面向对象的程序设计内容，增加了 C＋＋异常处理、String 类和 STL 库等内容。丰富了书中的例题和习题，便于学生学习和练习。

针对新添加的《Windows 编程》课程编写配套的教材《Visual C＋＋程序设计》。该教材重点突出学生动手能力的培养，每章都有大量的例题，将知识的学习与实用的编程技巧有机地统一起来。每章后都有一个或多个综合案例，对本章所涉及的知识点进行穿插和综合，真正把所学的程序设计语言用到实用程序的开发上，真正达到学以致用的效果。编程技术全面、实用，编程内容与目前比较流行的实用技术紧密结合。书中还精心设计了形势丰富的习题供学生课下练习。

根据新制定的《Java 语言》课程编写配套的教材。该教材除了讲解基本原理外，非常重视实用化和学以致用，在书中共有 120 多个实例程序，涵盖了 Java 编程中最常用和最需要的内容。

4．积极探索教学方法

针对语言类课程难教，学生难学的情况，通过学生的反馈和教师的课堂经验，积极探索程序设计课程的教学方法，使学生在课堂上从被动接受知识变成主动探索，让学生参与到课堂教学过程中，从而提高教学效果。

五、实施情况

1．以两条编程主线为核心的人才培养方案和课程体系的实施

以全面提高计算机专业应用型人才的程序设计能力为核心的人才培养方案，已在我校2004级至2006级学生中进行了试用，并从2007级学生开始全面正式实施。

在课程体系方面，增设了《Windows 编程》、《Windows 编程实验》、《Java 高级应用技术》，将《程序设计基础》、《面向对象程序设计语言》整合为《面向对象程序设计语言》、《面向对象程序设计语言实验》，将《Java 语言》课程由选修课改为必修课程。全面贯穿了两条编程主线：

一条是 C/C＋＋主线，这条主线基于微软．NET 平台。另一条是 Java 主线，这条主线基于 SUN 公司平台。

2．实践教学体系的实施效果

以提高程序设计能力为核心的实践教学体系全面实施，在学生实践动手能力、创新能力培养和提高方面，已初见成效。

在2006年第31届 ACM/ICPC 大赛中，我院代表队取得突破性进展，有一组（学生4人）闯入亚洲区（上海）决赛，并获得 Honorable Mention 奖。在北京林业大学主办、北京科技大学、中国农业大学、北京邮电大学协办的创 e 杯程序设计类比赛中，我院参赛学生编程能力的整体水平明显提高。

3．配套的教材实施情况

教材《面向对象的程序设计语言——C＋＋》的修改版——《面向对象的程序设计语言——C＋＋（第二版）》已经在计算机专业的《面向对象程序设计语言》（C/C＋＋）课程中使用。

教材《Java 程序设计》已经在计算机专业的《Java 语言》课程中使用。

配套教材建设取得了突破性进展，可用于《Windows 编程》课程的教材——《Visual C＋＋程序设计》进入"十一五"国家规划教材建设行列。

所有教材不仅在本校教学中得到了使用，同时，也在国内其他十几所学校被采用，使用效果良好。

4．教改论文的发表

围绕课程建设，不断总结教学理念和经验，课程组成员发表了5篇教改论文。

六、已取得成绩

1．提出了计算机专业应用型人才培养方案的核心

通过调查和研究进一步明确了计算机专业应用型人才的培养目标和定位，并提出程序设计能力是计算机应用型人才培养的核心素质，并以此作为应用型人才培养的核心主线。

2. 确定了培养学生软件设计能力的两条编程主线

课题组紧紧围绕计算机专业应用型本科人才程序设计能力的提高这一核心问题，针对目前市场上软件开发的两大主流平台和技术，确定了通过两条编程主线对学生进行软件设计能力的培养，以此形成核心课程体系和人才培养方案，并在我校 2004 级至 2006 级计算机专业中试行，并从 2007 年计算机专业开始正式应用。这两条编程主线是：

一条是 C/C++ 主线，这条主线基于微软 .NET 平台，包含《面向对象程序设计语言》、《面向对象程序设计语言实验》、《Windows 编程》、《Windows 编程实验》等课程。

另一条是 Java 主线，这条主线基于 SUN 公司平台，包含《Java 语言》、《Java 高级应用技术》等课程。

3. 制定了以两条编程主线为核心的程序设计类课程的教学大纲

围绕程序设计能力的提高，根据市场需求，科学合理地设计相应课程的核心知识点和具体内容与要求，从而确立相应的教学大纲。

在知识点的取舍上，坚持了以下几个主要原则，一是要符合计算机专业应用型人才的培养目标、特色和要求，二是要紧密结合 IT 时代要求和市场需求，全面贯彻研究初期提出的二条编程主线的思想；三是各个课程侧重点相互补充，课程间有很好的衔接性和延续性，并注重提高学生的编程能力。这样，课程核心内容既重视了传统内容，又兼顾了市场方面的需求，也为后续课程奠定了良好的基础，从而形成了以提高学生程序设计能力为主线的核心课程体系，达到了学以致用的目的。

4. 正式编写并出版了 3 部教材，1 部为"十一五"国家级规划教材

围绕课题研究内容，积极编写配套教材，物化改革成果，并推广使用。课题组成员针对新的教学内容编写了 3 本教材：《面向对象的程序设计语言——C++（第二版）》、《Java 程序设计》和《Visual C++ 程序设计》，其中《Visual C++ 程序设计》进入"十一五"国家级规划教材建设行列。

全部教材不仅在我校实际教学中得到应用，而且在国内其他十几所高校中所采用，使用效果良好。

5. 研究并形成了较完善的配套实践教学体系

针对应用型本科人才的培养目标的要求，结合教学大纲的内容要求，建立起完整的、分层次的以提高综合程序设计能力为核心的实验教学架构——基础实验技能培养 + 应用性、综合性实验技能培养 + 研究性实验技术培养三阶段的实践教学体系，如图 1 所示。形成了以课内实验教学为基础，以 ACM 编程竞赛、程序设计兴趣小组、校内大学生科研训练计划、国家和北京市大学生创新实验项目、各种竞赛等多种形式的第二课堂活动为补充的相对独立、科学完整的、具有专业特色的、有利于应用型人才培养的程序设计实践教学体系，并在教学中得到了实际应用，起到明显的教学效果，学生在 ACM 国际编程大赛上获得 Honorable Mention 奖。

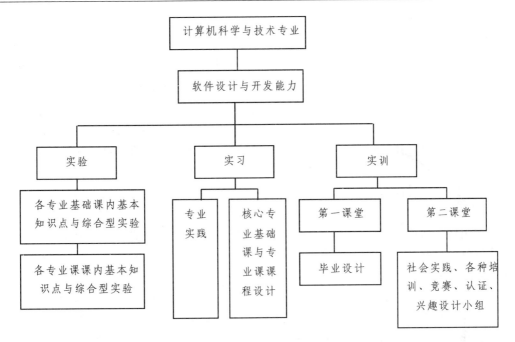

图1　计算机科学与技术专业实践教学体系结构图

6．正式发表了5篇教改论文

围绕课程建设，课程组成员积极探索适合程序设计课程的课堂教学方法和实验教学方法，正式发表了5篇教改论文："C＋＋程序设计"课程实践教学改革的探讨、"C＋＋程序设计"课程教学改革的探讨、程序设计基础课程教学改革的探讨、ACM编程赛题目在《数据结构》教学中的应用研究、C程序设计双语教学的研究。

7．建设计算机精品课程

通过改革与建设，2007年《面向对象程序设计语言》课程进入学校精品课程建设行列。

8．改革后学生就业情况

教学改革成果显著，学生就业率得到明显提高，近年计算机专业学生在我校的就业率名列前茅，其中60%多的学生进入高新技术及其他企业从事计算机软件开发工作。

9．双语教学的试点

对《程序设计基础》进行双语教学的试点，让学生掌握国外先进的程序设计思想。

七、创新点

1．计算机专业应用型人才培养教育理论的创新

（1）提出了计算机专业应用型人才的核心素质和能力主要体现在程序设计和开发的观点。

（2）提出并设计了以C/C＋＋、Java为主线的程序设计核心课程体系和人才培养方案

紧紧围绕计算机专业应用型本科人才程序设计能力的提高这一核心问题，针对目前市场上软件开发的两大主流平台和技术，确定了以C/C＋＋、Java为编程主线对学生进行软件设计能力的培养的方案，以此形成课程体系和人才培养方案，并将研究成果进行了实践和应用，进一步确立和突出了我校计算机科学与技术专业的培养目标、特色和要求，也为国内同

类院校同类专业的建设提供了参考。

2. 计算机专业应用型人才培养实践教学体系的创新

针对应用型本科人才的培养目标的要求，结合教学大纲的内容要求，建立起完整的、分层次的以提高综合程序设计能力为核心的实验教学架构——基础实验技能培养＋应用性、综合性实验技能培养＋研究性实验技术培养三阶段的实践教学体系，形成了以课内实验教学为基础，以 ACM 编程竞赛、程序设计兴趣小组、校内大学生科研训练计划、国家和北京市大学生创新实验项目、各种竞赛等多种形式的第二课堂活动为补充的相对独立、科学完整的、具有专业特色的、有利于应用型人才培养的程序设计实践教学体系。

八、推广借鉴情况

课题组成员通过研究与实践，进一步明确了计算机专业应用型人才的培养目标和定位，把程序设计能力的提高作为应用型人才培养的核心素质，以此形成科学、合理的核心课程体系和人才培养方案，围绕这一人才培养方案展开了一系列的专业建设、改革与实践工作，在实际教学工作中，取得了明显的改革成绩、收到良好的效果。这一成果，已于 2007 年在全国高校计算机基础教育研究会农林分委会上进行了交流和讨论，得到了其他兄弟院校的好评和赞同，也为其他同类高校建设应用型计算机专业提供了重要参考，具有很好的推广价值。

2007 年 9 月，我们进一步深化对学生自主学习能力的培养，引入计算机考核系统记录学生的上机学习情况和完成学时（每学期至少 1800 分钟）。学生可以根据自己的时间和水平安排上机学习听说，使自主学习更具个性化。

该教学改革得到了各兄弟高校的关注。该研究曾作为开拓性实践教学在 2006 年第 5 期《大学英语》杂志上做过介绍，引起国内同行广泛的关注。2006 年 5 月去郑州大学进行过交流；2006 年 4 月华中农业大学大学英语改革课题组的老师来我校进行考察；2007 年 11 月，北京市大学英语教学研究会组织中国地质大学、中国矿业大学、中央民族大学、中国石油大学等高校的 20 多位老师对我校的这一改革进行考察；此外，中南林业大学、西北农业大学、新疆农学院等院校也先后对此项目进行访问交流。

总之，通过对"基于计算机的自主学习＋教师小班面授辅导"的大学英语听说教学模式为期两年的实践与研究和两年的推广应用，我们认为该模式在"充分利用现代技术的同时合理的继承了传统教学模式的优秀部分"，比传统的"一师多生式"的课堂教授听说的教学模式在帮助学生获得学习策略、发展自主学习能力方面有显著的效果，是解决高校扩招以后各学校面临着学生多教师少难以开设听说课程的困境的有效途径，是提高学生听说能力的好方法。但该模式的实施效果很大程度上取决于学生自主学习的效果，而教师平时对学生自主学习过程的全面监控、到位的小班面授以及合理的考核评价体系是保证学生自主学习效果的有效手段。

北京林业大学 2001～2010 年教学成果奖名单

国家级教学成果奖

序号	项目名称	成果主要完成人	等级	年度
1	高等农林院校环境生态类本科培养方案及教学内容和课程体系改革的研究与实践	王礼先、朱荫湄、张启翔、张洪江、罗晶、张从、周世权	一等奖	2001
2	森林资源类本科人才培养模式改革的研究与实践	尹伟伦、韩海荣、孟宪宇、叶建仁、胡庭兴		2005
3	"研究型大学"目标定位下本科教学"分类管理"的研究与实践	宋维明、韩海荣、张戎、程堂仁、冯铎	二等奖	2009
4	林业拔尖创新型人才培养模式的研究与实践	尹伟伦、韩海荣、程堂仁、张志翔、郑彩霞		2009

北京市级教学成果奖

序号	项目名称	成果主要完成人	等级	年度
1	高等农林院校环境生态类本科培养方案及教学内容和课程体系改革的研究与实践	王礼先、朱荫湄、张启翔、张洪江、罗晶	一等奖	2001
2	森林资源类本科人才培养模式改革的研究与实践	尹伟伦、韩海荣、孟宪宇、叶建仁、胡庭兴		2004
3	现代教育技术与教学方法改革研究与实践	周心澄、宋维明、冯铎、李颂华、张戎		2004
4	"研究型大学"目标定位下本科教学"分类管理"的研究与实践	宋维明、韩海荣、张戎、程堂仁、冯铎		2008
5	林业拔尖创新型人才培养模式的研究与实践	尹伟伦、韩海荣、程堂仁、张志翔、郑彩霞		2008
6	面向 21 世纪高等林业院校经济管理类本科人才培养方案及教学内容和课程体系改革的研究与实践	任恒祺、蒋敏元、张大红、温亚利、王永清	二等奖	2001
7	森林文化与森林美学课程建设	郑小贤		2001
8	高等农林院校本科经济管理系列课程教学内容和课程体系改革与实践研究	邱俊齐、高岚、王洪谟、史建民、王凯		2004
9	产学研相结合的水土保持与荒漠化防治人才培养改革与实践	朱金兆、张洪江、王玉杰、丁国栋、黄海鹰		2004
10	园林植物应用设计系列课程建设	董丽、刘秀丽、周道瑛		2004
11	对基于计算机的大学英语听说教学模式的研究与实践	白雪莲、史宝辉、段克勤、訾缨、柴晚锁		2008
12	园林专业复合型人才培养模式的研究与实践	张启翔、李雄、刘燕、杨晓东、董燕梅		2008
13	研究性教学在当代心理学教学实践中的探索性研究	朱建军、訾非、雷秀雅、王明怡、吴建平		2008
14	高等林业院校"机、电类专业创新型人才培养体系"的研究与实践	钱桦、赵东、撒潮、陈劭、张健		2008

（续）

序号	项目名称	成果主要完成人	等级	年度
15	经济管理综合实验系统建设项目	夏自谦、田登山、颜　颖、韩杏荣、陈梅生	二等奖	2008
16	普通高校内部教学质量监控体系的探索与实践	韩海荣、于　斌、段克勤、钱　桦、张　勇		2008

校级教学成果奖

序号	项目名称	成果主要完成人	等级	年度
1	森林资源类本科人才培养模式改革的研究与实践	尹伟伦、韩海荣、孟宪宇等	特等奖	2004
2	现代教育技术与教学方法改革研究与实践	周心澄、宋维明、冯　铎等		2004
3	高等农林院校本科经济管理系列课程教学内容和课程体系改革与实践研究	邱俊齐、高　岚等		2004
4	产学研相结合的水土保持与荒漠化防治人才培养改革与实践	朱金兆、张洪江等		2004
5	计算机基础教学的改革研究与实践	王九丽、陈志泊等		2004
6	认知实习教学改革和 CAI 研究	李　凯、张志翔		2004
7	林业拔尖创新型人才培养模式的研究与实践	尹伟伦、韩海荣、程堂仁、张志翔、郑彩霞		2007
8	"研究型大学"目标定位下本科教学"分类管理"的研究与实践	宋维明、韩海荣、张　戎、程堂仁、冯　铎		2007
9	对基于计算机的大学英语听说教学模式的研究与实践	白雪莲、史宝辉、段克勤、訾　缨、柴晚锁		2007
10	园林专业复合型人才培养模式的研究与实践	张启翔、李　雄、刘　燕、杨晓东、董燕梅		2007
11	研究性教学在当代心理学教学实践中的探索性研究	朱建军、訾　非、雷秀雅、王明怡、吴建平	一等奖	2007
12	高等林业院校"机、电类专业创新型人才培养体系"的研究与实践	钱　桦、赵　东、撒　潮、陈　劭、张　健		2007
13	经济管理综合实验系统建设项目	夏自谦、田登山、颜　颖、韩杏荣、陈梅生		2007
14	普通高校内部教学质量监控体系的探索与实践	韩海荣、于　斌、段克勤、钱　桦、张　勇		2007
15	开拓培养高质量复合型人才之路——英语专业系列课程改革的研究与实践	史宝辉、肖文科、李　健、李　兵、范　莉		2007
16	艺术设计专业改革设计课程教学模式　加强毕业设计的指导与管理　培养学生创新能力	丁密金、李汉平、周　越、兰　超、李湘媛		2007
17	生态学系列课程教学改革的研究与实践	李俊清、刘艳红、韩海荣、牛树奎、郑景明		2007
18	"ERP 原理与应用"教学方法开拓与实践	张莉莉、武　刚、王新玲		2007
19	土壤学系列课程教学改革与实践	孙向阳、聂立水、李素艳、戴　伟、查同刚		2007

（续）

序号	项目名称	成果主要完成人	等级	年度
20	计算机基础教育课程体系与教学方法改革研究	毛汉书、徐秋红、陈志泊、黄心渊、袁玫	一等奖	2007
21	数学建模竞赛与数学建模课程建设	高孟宁、李红军、王小春、刘胜		2007
22	木材切削原理与刀具教材和课程改革	李黎、杨永福、母军、陈欣、牛耕芜		2007
23	林木遗传育种学双语教学实践	张志毅、康向阳、张金凤、李悦、张德强		2007
24	植物学教学改革与课程建设	李凤兰、郭惠红、刘忠华、高述民、胡青		2007
25	日语专业系列课程建设及教学法改革研究	段克勤、祝葵、陈咏梅、魏萍、崔信淑		2007
26	模拟法庭案例教学模式探索	徐平、李嫒辉、杨帆		2007
27	朗乡林区综合实习方案的研究	牛树奎、刘艳红、贺伟、武三安、路端正		2007
28	提高计算机专业应用型本科人才程序设计能力的研究与实践	陈志泊、张海燕、王春玲、王建新、孙俏		2007
29	《土壤学》网络课程教学实践研究和教材建设	孙向阳	二等奖	2004
30	《大学外语》课程建设研究	史宝辉		2004
31	化学系列课程建设	廖蓉苏		2004
32	《环境监测》教学方法、手段改革的研究与实践	梁文艳		2004
33	建筑制图多媒体网络课件研制	李亚光		2004
34	园林植物应用设计系列课程建设	董丽		2004
35	《工程制图与计算机绘图》课程建设	霍光青、刘洁		2004
36	《家具机械》课程建设	李黎		2004
37	公共英语教学模式及教学内容的研究与实践	白雪莲		2004
38	基于校园网知识点相关的辅助教学系统	王武魁		2004
39	"以人为本、健康第一"三自主体育课程改革研究	孙承文、姜志明、满昌慧、尹沛、万秀先		2007
40	《林木育种学》教学改革探索与实践	康向阳、陈晓阳、张志毅、李悦、胡冬梅		2007
41	地理信息系统专业教学改革研究与实践	张晓丽、冯仲科、彭道黎、刘东兰、王秀兰		2007
42	《马克思主义基本原理》精品课程	严耕、张秀芹、黎德化、罗美云		2007
43	微生物学系列课程建设及双语教学改革	谢响明、何晓青、赵国柱、彭霞薇、李志茹		2007
44	环境科学专业实践教学体系改革研究与实践	王毅力、梁文艳、张征、赵桂玲、豆小敏		2007
45	《高等数学》精品课程	谢惠扬、李红军、王小春、岳瑞峰、王三强		2007

（续）

序号	项目名称	成果主要完成人	等级	年度
46	林业院校艺术设计专业基础教学改革	兰 超、丁密金、李汉平、刘长宜、李昌菊	二等奖	2007
47	工业设计专业课程体系教学改革研究	张继晓、胡 鹏、陈净莲、程旭峰、石 洁		2007
48	环境经济学课程体系改革和建设	高 岚、田明华、吴成亮		2007
49	《数据库Ⅱ》精品课程建设	吴保国、王春玲、李 维		2007
50	《管理学》精品课程建设	张绍文、李晓勇、李 利、魏 国、温继文		2007
51	体现"四会"学习方法的运筹学教学方法研究	岳瑞锋、李红军		2007
52	《生物化学》教学改革	汪晓蜂	三等奖及鼓励奖	2004
53	《3S技术导论》网络课程建设	张晓丽		2004
54	《森林有害生物控制》教学方法改革研究与实践	温俊宝		2004
55	土木工程类复合型人才教育研究	林子臣		2004
56	物理系列课程建设	刘家冈		2004
57	高等数学辅助教学	谢惠扬		2004
58	中西美术史	李昌菊		2004
59	"两课"教学实效性研究	戴秀丽		2004
60	英语专业系列课程教学法改革研究	李 健		2004
61	日语专业课程建设的研究与实践	段克勤		2004
62	构建"以人为本 健康第一"的体育课程	冯治隆		2004
63	《保护生物学》课程体系建设研究	李景文、李俊清		2007
64	分子生物学理论课程与实验课程教学改革	陆 海、杨海宁、蒋湘宁		2007
65	细胞生物学实验教学内容的优化、教学方法与教学模式的改进	荆艳萍		2007
66	《水文与水资源学》精品课程建设	张建军		2007
67	机械工程专业实验教学体系和内容的研究与实践	赵 东、司 慧、姚立红、田 野、钱 桦		2007
68	《环境污染控制原理》双语教学改革和实践	梁文艳、张 征、解明曙、王毅力、伦小秀"		2007
69	《计算机网络安全》双语教学改革项目	袁津生、曹 佳		2007
70	电子商务系列课程教学改革研究	夏自谦、田登山、韩杏荣		2007
71	人力资源管理专业人才培养方案研究	聂 华、李红勋、汪 雯、曾 蕾、杜德斌		2007

（续）

序号	项目名称	成果主要完成人	等级	年度
72	科学前沿实践创新——财务管理学教学改革与实践研究	苏　宁、潘焕学、周　莉、肖慧娟	三等奖	2007
73	国际结算课程双语教学研究	侯方森、田明华、郭秀君		2007
74	国际经济与贸易专业人才培养方案	田明华、郭秀君、缪东玲、王雪梅、侯方森		2007
75	经济类课程与统计软件结合的案例教学研究	金　笙、王兰会、谭红杨、刘　鑫		2007
76	英语专业英语经贸复合型人才培养模式研究	肖文科、史宝辉、李　健、蒋　兰、李　欣		2007

　　注：此名单仅列出 2001 年至 2010 年由北京林业大学作为第一完成单位获得的教学成果奖。